Ein großer, bunter Früchtekorb

Es ist schon erstaunlich, mit wie vielen Produkten nicht heimischer Pflanzen man an einem durchschnittlichen Tag zu tun hat. Die Parade beginnt beim morgendlichen Ritual im Bad mit allerhand Duftessenzen in Duschgel, Parfüm oder Rasierwasser. Dann folgen die Tagestextilien aus afrikanischer Baumwolle. Das Frühstück bringt die Fortsetzung mit Kaffee aus Kolumbien oder Tee aus Indien, mit Erdnussbutter und Orangenmarmelade auf dem Brötchen und einem Fruchtjogurt mit Guave oder Maracuja. Bevor man den Fuß vor die Haustür auf die Matte aus Fasern der mexikanischen Sisal-Agave setzt, steckt man noch schnell eine Banane für die gelbe und einen Schokoriegel für die lila Pause am Vormittag ein. Im Mittagessen finden sich Kartoffeln, Tomaten oder Paprika und damit Pflanzen, die zwar bei uns wachsen, aber ihre eigentliche Heimat in der Neuen Welt haben. Na ja, und dann wäre da eventuell noch eine Cocktailparty anlässlich eines Kollegengeburtstages, die ebenfalls angewandte Botanik praktiziert. Bevor der Tag zu Ende geht, hat man mit seinen Lebens- und Konsumgewohnheiten große Teile des Welthandels beflügelt.

Dieses Buch handelt von den erlebenswerten exotischen Pflanzen. Die technischen Nutzpflanzen wie die Faserlieferanten bleiben unberücksichtigt, aber was man über die sonstigen Pflanzen oder den daraus hergestellten Nahrungs- und Genussmitteln

Reifende Sternfrüchte

wissen sollte, ist auf den folgenden Seiten nachzulesen. In fünf Kapiteln werden insgesamt über 200 wichtige und interessante Pflanzenarten vorgestellt.

> Für jede von Ihnen finden Sie neben dem botanischen Profil wichtige Angaben zu Herkunft und Verbreitung, Verwendung und sonstigem Wissenswerten.

> Viele Exoten kann man zu Hause in Garten oder Kübel kultivieren. Wie man den Nachwuchs vom Nachtisch heranzieht, wird für viele geeignete Arten als Anzucht-Tipp beschrieben.

> Falls Sie erfahren möchten, welche kulinarischen Köstlichkeiten man beispielsweise aus Cherimoya, Jackfrucht, Limone oder Mango zaubern kann, bietet Ihnen das Buch auch das eine oder andere raffinierte Rezept zum Ausprobieren.

Äpfel, Birnen, Kopfsalat und Petersilie haben zweifellos ihren besonderen Wert, aber es gibt bei den nutzbaren Pflanzen noch mehr zu erkunden. So wünschen wir Ihnen viele angenehme Entdeckungen und Erfahrungen bei Ihren Streifzügen durch die exotische Pflanzenwelt.

Exotik im Gemüsegarten

Selbst wenn unsere Nahrung auf den ersten Blick gar nicht wie ein lecker zubereiteter Pflanzenteil aussieht wie etwa im Fall des saftigen Sirloin-Steaks oder auch nur einer Salami-Scheibe auf der Pizza, haben wir doch immer umgewandelte pflanzliche Biomasse auf dem Teller, die zunächst einmal auf einem Acker oder einer Weide wuchs. Ohne ihre ertragreichen Nutzpflanzen hätte es die Menschheit im Laufe ihrer Geschichte sicher nicht allzu weit gebracht. Heute steht sie vor dem gigantischen Problem, demnächst einmal acht oder gar mehr Milliarden Menschen mit Grundnahrungsmitteln versorgen zu müssen – eine schwierige und ohne immer wieder nachwachsende Pflanzen grundsätzlich nicht zu bewältigende Aufgabe.

Fülle zu allen Jahreszeiten

Vor allem in Mittel- und Westeuropa nimmt man es gerne als Selbstverständlichkeit, dass fast jeder Supermarkt Erdbeeren zu Weihnachten, Weintrauben zu Ostern und Bananen rund ums Jahr anbietet. Sieht man sich die Herkunftsangaben dieser Köstlichkeiten etwas genauer an, fehlt tatsächlich kaum eine Weltengegend mit geeignetem Anbauklima. Aber abgesehen von einer solchen in früheren Zeiten schlicht unvorstellbaren Warenpalette, die uns eine schon seit Jahrzehnten zunehmende Globalisierung auch der Obst- und Gemüsemärkte beschert hat, ernäh-

Gut bestückte Gemüsebeete selbst eines heimischen Durchschnittsgartens bieten Verlockungen aus mehreren Kontinenten.

Bruno P. Kremer

Exotische Früchte

Erkennen und verwenden

KOSMOS

Inhaltsverzeichnis

Ein großer, bunter Früchtekorb   5
Exotik im Gemüsegarten   6
Von der Natur zur Kultur   8
Nützliche Vielfalt   10

Obst   16

Gemüse   112

Nüsse und Nussartige   174

Genussmittel   194

Gewürze   218

Register   240

Ein südländischer Obst- und Gemüsemarkt überrascht mit Vertrautem und noch mehr mit Unbekanntem.

ren sich die Menschen schon lange nicht mehr ausschließlich von Arten, die von Natur aus in Europa zu Hause sind. Bereits seit Jahrhunderten gehören gleichsam zum täglichen Brot vielfach auch Pflanzen aus anderen Kontinenten.

Aus aller Herren Länder
So gerät selbst ein kurzer Gang durch den Gemüsegarten praktisch zum Ausflug in andere Erdteile: Die Salatgurken stammen aus Nordindien, die Küchen-Zwiebeln aus Afghanistan und der Spinat aus dem Kaukasus. Die Tomate ist in Mittelamerika beheimatet und trägt übrigens auch in unserer Sprache bis heute noch den Namen, den ihr bereits die Azteken gaben. Die schlanken Zucchini, die von der glei-

chen Wildpflanze abstammen wie die dicken Halloween-Kürbisse, kommen ebenfalls aus dem tropischen Amerika. Die Erbse ist im Mittelmeergebiet beheimatet und ebenso der Kopfsalat. Bohnen stammen je nach angebauter Art aus Südamerika, Afrika oder O-Asien. Dagegen ist die ursprünglich heimische Flora auf den Beeten eher unterrepräsentiert. Nicht einmal die weniger erwünschten Wildkräuter, die man etwas erbarmungslos als Unkräuter diffamiert, halten sich an die von der Natur vorgegebene Biogeographie – sie stammen bezeichnenderweise im Wesentlichen aus den gleichen Herkunftsgebieten wie die hoch geschätzten Nutzpflanzen. Die Multi-Kulti-Gesellschaft findet auch in den Gärten statt.

Von der Natur zur Kultur

Pflanzen oder bestimmte Pflanzenteile spielten in der Ernährung der Menschen schon immer eine bedeutende Rolle. In den altsteinzeitlichen Kulturen, die ausschließlich von der aneignenden (jagend-sammelnden) Wirtschaftsweise geprägt sind, begnügte man sich mit dem jahreszeitlich wechselnden Angebot aus der Natur und konsumierte neben erlegten Tieren auch genießbare Blätter oder andere ungiftige Pflanzenteile. Vor vielleicht 10 000 Jahren entdeck-

ten die Menschen in den westasiatischen Steppen, dass man sich von den Körnern bestimmter dort vorkommender Wildgräser ernähren kann. Dazu suchten sie wohl vor allem Graspflanzen mit besonders großen und mehlreichen Körnern aus. Irgendwann begannen sie, die übrig gebliebenen Körner auszusäen, um in der Nähe ihrer Lagerplätze bequemer ernten zu können – diese folgenreiche Praxis kennzeichnet die Jungsteinzeit und den Übergang zur produzierenden Wirtschaftsweise mit Pflanzenanbau und später auch Tierhaltung. Die ständige Auslese im-

Wilder Kohl, die Stammform aller Kohlgemüse

Wirsing (links) und Rotkohl (rechts) sind zu stark vergrößerte Knospen umgebaute Kohlsorten.

mer ertragreicherer Pflanzen und deren gezielter Weiteranbau veränderten die Wildgräser allmählich – sie wandelten sich zu Nutzpflanzen. Die Gerste ist die älteste Kulturpflanze der Menschheit – sie begleitete den gesamten kulturellen Aufstieg.

Größer, besser, schmackhafter
Überaus erstaunlich ist, wie die geduldige Auslesezüchtung außer dem Geschmack auch das Aussehen fast aller nutzbaren Wildpflanzen verändert hat. Gewöhnlich wurde dabei ein bestimmtes Grundorgan der Pflanze stark gefördert und vergrößert. Beim weißen oder schwarzen Garten-Rettich, in Bayern Radi genannt, ist es die Wurzel, während das appetitlich kugelige und schon in früher Jugend hochrote Radieschen eine Sprossknolle darstellt. Beide Nutzpflanzen gehen auf die gleiche Stammform zurück, den Acker-Hederich, der bis heute ein simples heimisches Wildkraut

ist. Auch die Rote Bete und der spinatgrüne Mangold haben die gleiche Elternart – sie stammen von der eher unauffälligen Wilden Strand-Rübe ab, die in Deutschland nur auf Helgoland vorkommt. Zur gleichen Art gehören zwei weitere, aber völlig anders aussehende wichtige Nutzpflanzen, nämlich Zuckerrübe und Futterrübe, bei denen wiederum die Wurzel oder nur Teile davon stark verdickt sind. Besonders beeindruckend ist die Formenvielfalt bei den Kohlgemüsen, die sich alle vom Wildkohl ableiten, einer ebenfalls an den Meeresküsten verbreiteten Wildpflanze. Die roten und weißen Kopfkohl-Sorten wie Blaukraut, Wirsing oder Filderkraut sind gigantische Superknospen. Blumenkohl und Brokkoli stellen stark gewucherte Blütenstandsanlagen dar. Beim Rosenkohl sind lediglich die Seitenknospen verändert, und der Krauskohl entwickelt völlig zerknautschte Blätter.

Nützliche Vielfalt

Weltweit gibt es etwa 250 000 verschiedene Arten Blütenpflanzen. Diese sind grundsätzlich alle wichtig, denn immerhin liefern sie uns den lebensnotwendigen Sauerstoff gleichsam zum Nulltarif. Soweit sie den Menschen aber auch direkt nützlich sind, nennt man sie Nutzpflanzen. Dazu gehören Arten mit überwiegend technischer Verwendung, beispielsweise die Holzpflanzen (Bäume und Sträucher) für eine breite Produktpalette vom Dachbalken bis zum Zahnstocher, ferner Textillieferanten wie Baumwolle und Flachs oder weitere Faserpflanzen, aus deren Stoffbestand beispielsweise das Papier dieser Buchseite hergestellt wurde. Technisch bedeutsame Nutzpflanzen sind auch die (früheren) Farbstofflieferanten, darunter der berühmte Indigo für die ungebrochen beliebten Blue Jeans, die ihre beispiellose Karriere vom Beinkleid für die harten Zeiten des amerikanischen Goldrauschs bis zum teuren Designermodell nur einer besonders strapazierfähigen Webtechnik (so genannte Köperbindung) verdanken. Arten mit besonders wirksamen Inhaltsstoffen nennt man üblicherweise Arznei-, Heil- oder Medizinalpflanzen. Allein zu dieser unentbehrlichen Artengruppe gehören mehrere tausend Arten, und ständig werden neue Anwendungsmöglichkeiten entdeckt. Einige

Die Gartenkürbisse überraschen mit einer kaum noch zu überblickenden Sortenvielfalt. Den Samenkernen sagt man eine besondere Heilwirkung nach.

Kaktusfeigen sind die Früchte vom Feigenkaktus. Sie sind in vielen Farbvarietäten im Angebot.

pflanzliche Vertreter mit speziellen Inhaltsstoffen sind nicht so unbedingt lebenswichtig wie manche Arzneipflanzen, versprechen aber dafür interessante kulinarische Bereicherungen: Dazu gehört die Vielzahl der Gewürzpflanzen oder die breite Palette von Genusspflanzen, deren wichtigste Kaffee und Tee sind. Nur soweit bestimmte nutzbare Pflanzen oder ihre Teile direkt als menschliche Nahrung dienen, bezeichnet man sie als Nahrungspflanzen. Die bedeutsamsten heute weltweit genutzten Pflanzenarten dieses eng umrissenen Aufgabengebietes werden nicht mehr wie früher einfach in der freien Natur gesammelt, sondern gezielt angebaut. Dazu hat man sie innerhalb weniger Jahrtausende durch Züchtung in ihrem Erscheinungsbild und in ihren Leistungsmerkmalen erheblich verändert. Nur

diese züchterisch behandelten und damit in ihrem Erbgut veränderten Arten bilden die Kulturpflanzen im engeren Sinne.

Von der Wild- zur Kulturpflanze

Der Umbau der in der Natur vorgefundenen Wildpflanzen zu ertragreichen Kulturpflanzen ist eine der bedeutendsten Leistungen der Menschheitsgeschichte, ohne die keine der heute bekannten Hochkulturen hätte entstehen können. Gegenüber ihren Wildformen weisen alle Kulturpflanzen charakteristische Veränderungen mehrerer Merkmale auf. So fällt beispielsweise ihre ausgeprägte Großwüchsigkeit auf – die gewünschten Pflanzenteile, beispielsweise Früchte, sind oft um ein Vielfaches größer als bei der Wildform. Südamerikanische Wildtomaten beispielsweise sind nur etwa

Die Pampelmuse ist die größte Citrusfrucht.

Kumquats sind die Zwerge unter den Citrusfrüchten.

kirschgroß. Außerdem zeigen sie die gleiche Entwicklungsgeschwindigkeit: Zur Ernteerleichterung keimen die Pflanzen eines Feldes ungefähr gleichzeitig, entwickeln sich nahezu synchron und reifen daher auch ungefähr gleichzeitig heran. Bei Wildpflanzen sind demgegenüber fast immer größere Zeitunterschiede zu beobachten. Als Kulturpflanzen verkürzen sie überdies ihre Entwicklungszeit. Manche Kulturpflanzen sind einjährig, während die Wildform noch zweijährig (Getreide) oder sogar ausdauernd ist (Lein). Wildpflanzen besitzen zahlreiche Mittel zur Frucht- oder Samenverbreitung, die den davon abgeleiteten Kulturpflanzen fehlen: Getreidekörner fallen nicht mehr von selbst aus den Spelzen, widerhakige Grannen fehlen, Kapseln (Mohn) oder Hülsen (Erbsen, Bohnen) öffnen sich nicht von selbst. Viele Wildpflanzen enthalten giftige oder zumindest unangenehm schmeckende Inhaltsstoffe, die Fraßverluste minimieren sollen. So enthält der Kopfsalat deutlich weniger Bitterstoffe als seine Vor-

fahren, die Wildlattiche, und der Süßmandel fehlen die schädlichen Blausäureglykoside.

Die weltweit wichtigsten Kulturpflanzen stammen aus nur wenigen Pflanzenfamilien. Die vorderen Listenplätze besetzen die Süßgräser, die Schmetterlingsblütler, Rosengewächse und Nachtschattengewächse. Etwa 70 % der modernen Kulturpflanzen, die unser tägliches Leben bestimmen, stammen aus Asien, etwa 20 % aus Nord- und Südamerika, und der Rest von etwa 10 % aus dem Mittelmeerraum oder aus Ostafrika. Beim Blick auf die geographische Lage der Herkunftsgebiete wird deutlich, dass die Ursprungszentren der wichtigsten Kulturpflanzen identisch sind mit den frühen Hochkulturen wie Altchina, Mesopotamien, Ägypten, Griechenland, der mittelamerikanischen Maya- und Azteken- sowie der südamerikanischen Inka-Kultur.

Da haben wir den Salat

Obwohl man sie im täglichen Gebrauch durchaus versteht, sind die

Begriffe unserer Sprache beim genaueren Hinsehen mitunter bemerkenswert unlogisch (Ein Zitronenfalter faltet gar keine Zitronen …) oder inhaltlich schlicht unscharf: Unter Salat verstehen die einen einen Kopf- oder Endiviensalat, die anderen eine bunte Mischung mit Lollo Rosso, Rapunzel, Rucola und Chiquorée. Außerdem gäbe es noch Eier-, Nudel-, Reis- und Tomatensalat, und dann wären da auch noch Kartoffel-, Gurken- und Obstsalat. Babylonisch verworren?

Das Problem liegt vor allem in der Vieldeutigkeit der beiden Begriffe Obst und Salat.
Unter Obst versteht man im Allgemeinen überwiegend süß schmeckende Früchte, die man roh oder nach besonderer Zubereitung genießt. Gurken, Kürbisse und Tomaten sind zwar nach botanischen Kriterien ebenfalls Früchte, gehören aber küchentechnisch nicht zum Obst, sondern ebenso wie Avocado und Zucchini zum Gemüse. Dazu zählen alle essbaren Pflanzenteile, die vor dem Verzehr durch hitzeabhängiges Garen aufbereitet werden. Blattgemüse sind beispielsweise Spinat, Mangold, Weiß-, Grün- und Rotkohl (Blaukraut). Stängelgemüse sind Spargel, Kohlrabi, Fenchel und Sellerie, in größeren Anteilen auch Blumenkohl, Brokkoli, ferner Bambus und Palmherzen. Wurzelgemüse sind Mohrrüben, Schwarzwurzel, Radi und Wurzelpetersilie. Nüsse sind weder Obst noch Gemüse: Fast immer handelt es sich um die Samen bestimmter Pflanzenarten. Und um die begriffliche Vielfalt zu komplettieren: Erbsen und Linsen sind zwar ebenfalls Samen, aber dennoch keine Nüsse.

Zum Salatbegriff gehört üblicherweise das bunte Durcheinander – insofern ist ein grüner Salat nur aus Kopfsalat eigentlich ein Unding. Wenn man also beim Salat eher auf Abwechslung und Vielfalt setzt, sind auch die Zutaten begrifflich nicht besonders festgelegt: Es können Pflanzenteile sein, die roh genießbar sind, oder man komponiert die kulinarische Kreation aus der gesamten pflanzlichen Architektur, nämlich zuvor gegarten und wieder erkalteten Wurzel-, Stängel-, Blatt- oder Blütenteilen.

Zuckertang: Traditionelles Meeresgemüse

Portulak – als Gemüse lange vergessen, aber wiederentdeckt

Weiche Schale, harter Kern und umgekehrt

„An ihren Früchten werdet ihr sie erkennen", verspricht die Bibel (Mt. 7,16), aber so einfach ist es nun auch wieder nicht. Mancherlei Verwirrung ergibt sich daraus, dass der bürgerliche vom botanischen Sprachgebrauch mitunter stark abweicht. Die Fachwissenschaft, die sich mit den Pflanzen(teilen) und ihren Verwendungsmöglichkeiten in Küche oder Technik befasst, muss sich natürlich um größtmögliche Klarheit und Eindeutigkeit bemühen. Das führt gelegentlich zu interessanten Konflikten. Der folgende kleine Ausflug in die Anatomie der äußerst variantenreichen Früchte, mit dem Sie so manche Partywette gewinnen können, zeigt es überdeutlich:

Unter einer Beere versteht man üblicherweise eine Frucht mit relativ dünner Fruchthaut, saftigem Fruchtfleisch und wenigen darin eingelassenen, kleinen Samen. Diesem Bild entsprechen – botanisch völlig korrekt – unter anderem Johannisbeeren, Blaubeeren oder Weinbeeren. Letztere sind zwar auch als Weintrauben bekannt, aber mit Traube bezeichnet ein Botaniker nur eine besondere Verzweigungsform: Blüten bzw. Früchte sitzen dabei an unverzweigten Seitenästen. Insofern ist das Fruchtensemble der Johannisbeeren eine richtige Traube, dasjenige der Weinbeeren aber eine Rispe. Veritable Beeren im botanischen Sinne sind auch Tomate, Gurke, Aubergine, Dattel, Banane, Kürbis und Melone – Erdbeeren dagegen nicht: Sie zählt man zu den Sammelnussfrüchten, da das köstliche Fruchtfleisch durch Verdickung des Blütenbodens und nicht aus dem Fruchtknoten entsteht. Dagegen ist die Ananas ein Beerenfruchtverband. Bei den Steinfrüchten vom Typ Kirsche, Pfirsich oder Pflaume bleibt nur der äußere Teil der Fruchtwand saftig und fleischig, während der innere ein festes, hart verholztes Gehäuse bil-

Die Schwarznuss ist die amerikanische Verwandte unserer Walnuss und ebenso wie diese eine Steinfrucht.

Die Schalen der Steinfrucht (!) Kokosnuss werden in den Herkunftsländern für vielerlei technische Zwecke verwendet.

det, in dem der nussartige Samen (Kern) geborgen ist. Zu den Steinfrüchten dieser Bauart gehören aber auch Walnuss und Kokosnuss sowie die Himbeere, wobei diese eine Sammelsteinfrucht mit vielen kleinen süßen Einzelfrüchtchen darstellt. Steinfrüchte sind auch Mango, Mombinpflaume und Kaffee. Die Feige ist wiederum ein recht kompliziert aufgebauter Steinfruchtverband. Während bei den Beeren und Steinfrüchten zumindest Teile der die Samen einschließenden Fruchtwand fleischig bleiben, verholzen bei den richtigen Nüssen alle drei Fruchtwandschichten zu einer fallweise extrem harten Schale wie bei der Hasel-

nuss, einer der wenigen botanisch echten Nüsse. Die knallharten Paranüsse sind dagegen stark verholzte Kapseln, die australische Macadamia entwickelt sich als Balgfrucht. Nussverbände sind die Bucheckern und die Esskastanien.

Begrifflich unsauber werden häufig die noch nicht vollreifen und als Gemüse verwendeten Früchte von Bohnen und Erbsen benannt: Beide gehören bekanntermaßen zu den Hülsenfrüchten, und ihre kennzeichnende Fruchtform ist demnach eine Hülse, aber selbst die sonst uneingeschränkt empfehlenswerte Kochliteratur von Viersterneköchen zitiert sie als Schoten.

Obst

Kiwi, Chinesische Stachelbeere
Actinidia chinensis Strahlengriffelgewächse *(Actinidiaceae)*

H bis 10 m Strauch
International:
kiwi (E, P, I), groseille de Chine (F),
chinese gooseberry (GB)

Merkmale Sommergrüner, gegen den Uhrzeigersinn windender Kletterstrauch mit raschwüchsigen, braunrot behaarten Trieben; Blätter wechselständig, gestielt, weich, an sterilen Trieben breit oval, an fertilen eher rundlich, bis 12 cm lang und fast ebenso breit, oberseits dunkelgrün, unterseits weißlich behaart; Blüten cremeweiß, blattachselständig, 5-zählig, rein männlich oder weiblich auf getrennten Individuen, bis 5 cm breit, erinnern ein wenig an Hecken-Rosen; weibliche Blüten mit meist über 30 sternförmig ausgebreiteten Griffeln (daher Strahlengriffelgewächse); Beerenfrüchte bis 6 cm lang, länglich-oval, Fruchtschale korkig, entweder glatt (var. *chinensis*) oder rau behaart (var. *deliciosa*), Fruchtfleisch im Anschnitt grünlich, mit ca. 1000 flach-ovalen, schwarzen Samen.

Herkunft und Verbreitung Ursprünglich in Zentralchina (Tal des Jangtse), seit 1906 zunächst in Neuseeland kultiviert und in größeren Mengen in die USA exportiert, wo der zunächst verwendete Name „Chinesische Stachelbeere" aber nicht durchsetzbar war, weswegen man den Namen des neuseeländischen Wappenvogels Kiwi wählte. Heute fast weltweit in Kultur. Die in Deutschland vermarkteten Früchte stammen meist aus Israel, Frankreich oder Italien.

Verwendung Das angenehm fruchtig-säuerlich schmeckende Fruchtfleisch wird meist frisch verzehrt (durch Auslöffeln direkt aus der Scha-

le) und eignet sich ausgezeichnet für Obstsalate, aber auch für Fruchtmix-getränke, Eiscremes und Konfitüre. In Neuseeland ist ein aus Kiwis bereiteter Obstwein erhältlich.

Wissenswertes Frische Früchte enthalten ein Protein abbauendes Enzym, das man als Weichmacher von Steakfleisch („meat tenderizer") verwenden kann. Dazu legt man dünne Kiwi-Scheiben etwa 15 min lang auf das noch ungegarte Fleisch. Der Gehalt an Vitamin C ist fast doppelt so hoch wie in Orangen. Außerdem enthalten die Früchte eine breite Palette von Spurenelementen. Eine große Kiwifrucht deckt somit fast den Tagesbedarf an Vitamin C und Spurenstoffen.

Nach mancher Auffassung stellt die bei uns marktübliche Kiwi eine eigene Art *A. deliciosa* dar, während *A. chinensis* die deutlich weichschaligere Wildform repräsentiert.

AnzuchtTipp

Samen aus der frischen Frucht in warmes Wasser legen, bis sich die anhaftenden Fruchtfleischreste zersetzt haben, dann trocknen und auf leicht angefeuchteter Anzuchterde ausstreuen und leicht andrücken, nicht mit Erde bedecken.

Im Fachhandel werden auch Containerpflanzen (überwiegend der in Neuseeland entwickelten großfrüchtigen Sorte 'Hayward') angeboten, doch ist Freilandkultur in M-Europa nur in Gegenden mit Weinbauklima möglich. Alternativ empfiehlt sich die Kultur in größeren Kübeln mit Überwinterung im Kalthaus. Da die Kiwi-Pflanze zweihäusig ist, benötigt man für die eigene Fruchternte (ab dem 3. Jahr) immer eine männliche und eine weibliche Pflanze.

Ananas

Ananas comosus Bromeliengewächse *(Bromeliaceae)*

H bis 2 m Staude

International:
piña (E), abacaxi (P), ananasso (I),
ananas (F), pineapple (GB)

Merkmale Zweijährige, kräftige Pflanze mit kurzem, gedrungenem Stängel und zahlreichen (ca. 50–60), bis 90 cm langen und 5 cm breiten, rosettig gestellten Blättern, starr, bogig, fleischig-faserig, am Rande sortenabhängig rau oder glatt, an der Basis becherförmig stängelumfassend zum Sammeln von Regenwasser, oberseits durch Saugschuppen grau, zu den Blattspitzen meist leicht rötlich; Blüten bläulich, zahlreich (zu etwa 200–300) in einer dichten, kolbenähnlichen Ähre, oben mit abschließendem rosettigem Schopf aus kurzen Laubblättern; aus dem gesamten Blütenstand entwickelt sich ein bis 30 cm langer Fruchtverband aus einzelnen, kompakt verwachsenen Beeren, wobei auch die ursprünglich laubigen Tragblätter fleischig werden; an der Fruchtverbandoberfläche kann man die beteiligten Einzelbeeren als eckige Felder erkennen.

Herkunft und Verbreitung Die Wildform der Ananas stammt vermutlich aus dem Amazonasgebiet, ist jedoch unbekannt. Die iberischen Eroberer trafen in Mittelamerika bereits kultivierte Formen an. Heute ist die Ananas in zahlreichen Kultursorten im gesamten Tropengürtel in Plantagen im Anbau. Die meisten heute in Europa verzehrten Exemplare stammen aus SO-Asien.

Verwendung Das vitaminreiche und ausgesprochen wohlschmeckende Fruchtfleisch wird meist roh als Obst verzehrt, wobei man wie bei den Ananasscheiben aus Konservendosen die stark faserige Sprossachse aussticht. Außerdem verarbeitet man die Frucht zu Konfitüre, Gelee und Saft. Im Ursprungsgebiet wird sie auch zu Dörrobst getrocknet. Der Saft führt ein Protein abbauendes Enzym; daher sollte man die frische Frucht nicht zu Speisen verwenden, die Milch enthalten. Aus den Blättern gewinnt man die Fasern für die Papierherstellung oder für Verpackungstextilien. Vollreife Früchte sind selbst gut gekühlt nur begrenzt lagerfähig.

Wissenswertes   Die Ananas ist innerhalb ihrer formenreichen Verwandtschaft eine der wenigen Arten, die auf dem Boden wachsen. Die weitaus meisten Bromelien sind Aufsitzerpflanzen (Epiphyten) im Geäst der süd- und mittelamerikanischen Regenwaldbäume. Die Familie ist nur in der Neuen Welt vertreten. Ananaspflanzen sterben nach der Ernte ab. Zur Erhaltung oder Begründung neu-

er Kulturen entnimmt man die meist unterhalb des Blütenstandes entwickelten Seitentriebe, die sich als Stecklinge relativ leicht bewurzeln.

KüchenTipp

Ananas-Dessert: Etwa 400 g Ananas-Stückchen im eigenen Saft kurz andünsten, anschließend mit etwas Ingwersirup und einem Fruchtlikör kurz marinieren. Kurz vor dem Servieren einen Weinschaum (aus 4 Eigelb, 100 g Zucker, Saft 1 Zitrone und 1 Glas trockenen Weißwein aufschlagen und mit Sahnesteif stabilisieren) zugeben. Zuletzt geröstete und geraspelte Cashewkerne (vgl. S. 176) darüber streuen.

AnzuchtTipp

Von einer im Sommer gekauften (d. h. mit Sicherheit nicht dem Frost ausgesetzten) Frucht trennt man mit einem scharfen Messer den Blattschopf ab, legt die Sprossachse durch Entfernen von Fruchtfleischresten vorsichtig frei und entfernt die unteren 2–3 Reihen Schopfblätter durch Abziehen. Dann die Schnittflächen 2–3 Tage lang an der Luft abtrocknen lassen und anschließend in gut durchfeuchtete Anzuchterde pflanzen. Einen Klarsichtbeutel überstülpen, der für die Anwachsphase (Bewurzelung) die erforderliche hohe Luftfeuchtigkeit garantiert.

Cherimoya
Annona cherimola   Schuppenapfelgewächse *(Annonaceae)*

H bis 8 m   Baum
International: anona blanca (E),
graveola (P), anona (I),
chérimole (F), cherymoya (GB)

Merkmale   Immergrüner Baum oder
großer Strauch mit tief verzweigtem
Stamm; Blätter wechselständig, gestielt, mit kräftiger Rippe, im Umriss
oval, bis 12 cm lang und 7 cm breit,
beidseits samtig behaart; Blüten eingeschlechtig, einzeln oder zu 2–3 in
den Blattachseln, Kronblätter dicklich, rötlich, bis 5 cm breit; die Fruchtblätter entwickeln sich zu einer bis
20 cm langen und 10 cm breiten Sam-
melbeere; Fruchtschale grün, regelmäßig schuppig gefeldert; Fruchtfleisch weiß, cremig weich, schmeckt
angenehm aromatisch und leicht
säuerlich nach Birne oder Mango.
Herkunft und Verbreitung   Die
Anona-Arten stammen aus dem tropi-

schen Amerika und werden heute auf
allen Kontinenten als beliebte Früchte kultiviert. Die bei uns gehandelte
Cherimoya kommt meist aus Israel
oder von Madeira.
Verwendung   Die bei Feinschme-
ckern äußerst beliebten Früchte werden überwiegend frisch und roh als
Obst gegessen, wobei man die
Fruchthülle wie bei der Kiwi auslöffelt
oder das Fruchtfleisch (ohne Samen)
auslöst. Zur Geschmacksintensivie-
rung beträufelt man es mit wenig
Limettensaft. Cherimoyas verwendet
man auch für Milchshakes und
Fruchtsäfte. Die Samen sind giftig.
Wissenswertes   Ähnlich werden
auch die nahe verwandten Arten
Netz-Annone *(A. reticulata)* und
Rahmapfel bzw. Süßsack *(A. squamosa)* oder deren Kreuzungen verwendet, wobei jedoch die Cherimoya als
die köstlichste dieser Gattung gilt.

Sauersack, Stachel-Annone

Annona muricata Schuppenapfelgewächse *(Annonaceae)*

H bis 8 m Baum
International:
catoche, guanaba (E), anona (I), anone (F), soursop (GB)

Merkmale Immergrüner kleiner Baum mit niedrigem Stamm und offener, wenig verzweigter Krone; Blätter wechselständig, kurz gestielt, lederig derb, oberseits glänzend dunkelgrün, oval, mit stumpfer Spitze, bis 20 cm lang und 6 cm breit, duften beim Zerreiben aromatisch; Blüten kurz gestielt direkt am Stamm oder älteren Ästen, grünlich gelb, locken mit leichtem Aasgeruch Fliegen als Bestäuber an; Beerenfrüchte birnenförmig, melonengroß und bis über 2 kg schwer, grün; Fruchtschale mit 1 cm langen, auswärts gebogenen Stacheln besetzt; Fruchtfleisch schneeweiß, vollreif sehr weich und rahmartig.

Herkunft und Verbreitung Die Stachel-Annone ist wie die übrigen 3 Arten der Gattung in Mittel- und S-Amerika beheimatet, als geschätzter Fruchtbaum unterdessen jedoch über die gesamten Tropen verbreitet.

Verwendung Das angenehm säuerlich schmeckende Fruchtfleisch wird roh gegessen oder für Desserts (Speiseeis) und Fruchtsäfte verwendet. In einigen Ländern werden sie auch zu Fruchtkonserven verarbeitet, zumal die vollreifen Früchte sehr druckempfindlich sind und sich daher für den weiträumigen Export und lange Lagerung nicht eignen. In der Karibik bereitet man aus den grünen Laubblättern einen Tee zu.

Wissenswertes Die Samen enthalten giftige Alkaloide und dürfen daher nicht verzehrt werden. Die wie Einzelfrüchte aussehenden Fruchtkomplexe sind Sammelbeeren.

Jackfrucht

Artocarpus heterophyllus Maulbeergewächse *(Moraceae)*

H bis 30 m Baum
International: fruta del pobre, jacá (E, P), frutto Jack (I), fruit de Jaques (F), jackfruit (GB)

Merkmale Immergrüner, dichtkroniger Baum mit kräftigem Stamm, an der Basis oft mit Brettwurzeln; Blätter wechselständig, breit oval, bis 30 cm und 20 cm breit, lederig, matt dunkelgrün; Blüten unscheinbar, eingeschlechtig, in gedrängten Büscheln unmittelbar am Stamm oder an größeren Ästen; aus den Blüten entwickelt sich ein komplexer, walzenförmiger Nussfruchtverband, reif bis 1 m lang und über 15 kg schwer, mit gefelderter Schale; Fruchtfleisch hellgelb.

Herkunft und Verbreitung Der Jackfruchtbaum ist in Indien beheimatet, wird heute jedoch überall in SO-Asien kultiviert, daneben auch in Mittelamerika und S-Afrika angepflanzt.

Verwendung Das Fleisch reifer Früchte isst man roh als Obst oder bereitet daraus Konfitüren, Chutneys und Sirup. Unreife Früchte werden in den Ursprungsländern auch als Gemüse verzehrt. Die stärkehaltigen Samen werden geröstet oder getrocknet ohne Schale gegessen oder vermahlen in Gebäck verwendet. Die Früchte sind mehrere Wochen lagerfähig. Aus dem Holz des Baumes gewinnt man einen orangegelben Farbstoff, mit dem die buddhistischen Mönche traditionell ihre Kleidung färben.

Wissenswertes Aus der südostasiatisch verbreiteten Gattung *Artocarpus* sind weitere Arten als Fruchtbäume von Bedeutung. Die Jackfrucht gehört zu den größten Baumfrüchten und neben dem Kürbis zu den schwersten Früchten überhaupt.

Sternfrucht, Karambole

Averrhoa carambola Sauerkleegewächse *(Oxalidaceae)*

H bis 12 m Baum

International:
carambola (E, P, I), carambole (F),
star fruit (GB)

Merkmale Immergrüner Baum mit kurzem Stamm und breiter Krone; Blätter wechselständig, bis 30 cm lang, unpaarig gefiedert, Fiedern spitzoval, glänzend dunkelgrün; Blüten 5-zählig, in büscheligen Doppeltrauben am Stamm und an dickeren Ästen, rötlich; Beerenfrucht bis 12 cm lang und 6 cm dick, auffallend 5-rippig und daher im Querschnitt sternförmig, glänzend gelb; Fruchtfleisch etwas glasig grünlich gelb, fest, saftig.

Herkunft und Verbreitung Die Art stammt aus SO-Asien, ist aber heute in vielen Ländern der Tropen im Anbau. Zu Beginn des 19. Jh. versuchte man – allerdings erfolglos – eine Kultur auch im Mittelmeergebiet.

Verwendung Die vitamin- und mineralstoffreichen Früchte werden frisch als Obst verzehrt oder zu Marmeladen und Saft verarbeitet. Wegen der aparten Form der Fruchtscheiben verziert man damit Obstsalate oder Cocktails. Sie schmeckt angenehm säuerlich bis süß. In China bereitet man die Frucht als Gemüse zu und verwendet sie als Beilage zu Fisch oder Schalen- und Krustentieren. Die Früchte sind mehrere Wochen haltbar.

Wissenswertes Medizinisch sagt man der Frucht eine günstige Beeinflussung des Blutzuckerspiegels nach.

Papaya, Melonenbaum

Carica papaya Melonenbaumgewächse *(Caricaceae)*

H bis 7 m Baum
International:
papaya (E, P, I, F, GB)

Merkmale Immergrüne, mehrjährige Pflanze mit unverzeigtem Stamm und schopfiger Krone; Blätter wie bei Palmen als endständiger Blattschopf; Blätter lang gestielt, Spreite bis 1 m lang, tief handförmig in 5–9 Lappen geteilt, diese ihrerseits gelappt; Blüten eingeschlechtig, männliche und weibliche (meist) auf verschiedenen Pflanzen, cremeweiß; Beerenfrucht länglich oval, bis 30 cm lang und 1,5 kg schwer, reif gelb; Fruchtfleisch sortenabhängig lachsrot, kräftig orange oder gelb, weich, schmeckt süßlich und (schwach) aromatisch. Alle grünen Teile mit Milchsaft.
Herkunft und Verbreitung Die Pflanze stammt aus Mittelamerika

(Panama) und wurde von den Spaniern nach Afrika und S-Asien verbreitet. Heute ist die Art in den Tropen ein häufig angepflanzter Fruchtlieferant.
Verwendung Das Fruchtfleisch reifer Früchte verzehrt man durch Auslöffeln (ohne die scharf schmeckenden Samen) roh als Obst oder gestückelt in Obstsalaten. Der Milchsaft enthält das Protein spaltende Enzym Papain, das man als Weichmacher für zähes Steakfleisch („meat tenderizer") verwendet. Die Früchte sind nicht sehr haltbar.
Wissenswertes Botanisch ist die Pflanze wegen ihres ungewöhnlichen Dickenwachstums bemerkenswert, das völlig anders als bei sonstigen baumförmigen Arten verläuft. Da im Stamm keine nennenswerte Verholzung stattfindet, ist der Melonenbaum streng genommen lediglich eine baumförmige Staude.

Wassermelone
Citrullus lanatus Kürbisgewächse *(Cucurbitaceae)*

H bis 5 m Kraut

International:
sandia (E), melancia (P), cocomero (I), pastèque (F), water melon (GB)

Merkmale Einjährige Pflanze mit kriechenden oder kletternden, zottig-wollig behaarten und verzweigten Stängeln mit verzweigten Ranken; Blätter wechselständig, kurz oder lang gestielt, im Umriss oval, aber meist tief 3- bis 7-teilig gelappt, rau-haarig, gezähnt, bis 25 cm lang und 17 cm breit; Blüten eingeschlechtig, einzeln lang gestielt in den Blattachseln, gelb, glockenförmig, bis 6 cm breit, männliche und weibliche Blüten getrennt an der gleichen Pflanze, blühen jedoch zeitversetzt auf, um eine Selbstbestäubung zu verhindern; Beerenfrucht kugelig, bis 60 cm im Durchmesser bei 10–15 kg Gewicht; Fruchtschale dunkelgrün mit hellgrü-nen Längsstreifen und Sprenkeln, meist kahl; Fruchtfleisch rötlich oder sortenabhängig auch gelb, fest, körnig-faserig, aber sehr saftig (Wassergehalt bis 95 %), mit zahlreichen ovalen, meist dunkelbraunen Samen.

Herkunft und Verbreitung Während die zu der gleichen Familie gehörenden Kürbisse alle aus der Neuen Welt stammen, sind die Melonen und damit auch die Wassermelone im tropischen Afrika heimisch. Heute ist sie weltweit in geeigneten Klimagebieten in zahlreichen Sorten im Anbau. Die Früchte der weniger süß bis fad oder leicht bitter schmeckenden Sorten dienen gewöhnlich als Viehfutter. Für den menschlichen Konsum werden nur die süß schmeckenden Sorten vermarktet. Auf europäischen Märkten ist die Sortenvielfalt allerdings kaum wahrnehmbar, da nur wenige Standardformen im Angebot sind.

Verwendung Das gekühlte, saftige Fruchtfleisch der Wassermelonen verzehrt man bei heißem Wetter roh als angenehm Durst löschendes Obst. In den Herkunftsländern stellt man daraus auch Saft oder Sirup her. In SO-Asien legt man die in Streifen oder Würfel geschnittenen weißen Schalenteile süßsauer als Pickles ein. Die öl- und proteinhaltigen Samenkerne werden ohne Samenschale wie Kürbiskerne geröstet und (un)gesalzen als Snack verzehrt. Das Öl wird auch für technische Zwecke extrahiert und unter anderem für Schmiermittel oder in der Seifenherstellung verwendet. Gekühlt können die Melonen über eine Woche gelagert werden. Reif sind sie, wenn sie beim Beklopfen hohl klingen.

Wissenswertes Berber, Ägypter und Spanier haben für diese Pflanze jeweils einen eigenen Namen, was unter anderem als Beleg dafür gilt, dass die Wassermelone schon sehr früh in verschiedenen Regionen kultiviert wurde. Tatsächlich lässt sich der Anbau über mehr als 4000 Jahre zurückverfolgen. In Indien hat sie neben Afrika ein zweites Zentrum an Formenmannigfaltigkeit entwickelt. Züchterisch gelang es um 1940 in Japan, auch samenlose Melonen zu erzeugen. Sie enthalten im Erbbild 3 Chromosomensätze, sind also triploid, und entstehen durch die Kreuzung normal diploider mit tetraploiden Formen. Wegen der Ungeradzahligkeit und daraus folgenden Störungen können sie keine funktionierenden Samen entwickeln.

In Florida trägt man Melonenkern-Weitspuckwettbewerbe aus – der Rekord liegt derzeit bei 7,74 m. Innerhalb der Gattung *Citrullus* gibt es noch eine angebaute Art von geringerer Bedeutung: Die Koloquinte (*C. colocynthis*) ist eine ausdauernde, mehrjährige Wüstenpflanze, die von N-Afrika bis nach S-Asien vorkommt.

Nach verbreiteter Ansicht könnte sie sogar die Wildform der nur in Kultursorten bekannten Wassermelone sein. Ihre Stängel sind rau behaart. Die reif grünen oder gelblich gezeichneten Früchte erreichen jedoch nur die Größe einer Orange und schmecken fast ungenießbar bitter. Daher werden in den Ursprungsgebieten nur die ölreichen Samen verzehrt oder für die Gewinnung von Lampenöl genutzt.

Der heutige wissenschaftliche Artname *colocynthis* (im Altgriechischen *kolokynthe*) wurde bei den antiken Autoren zunächst für die Wassermelone verwendet, die auch im Mittelmeergebiet eine lange Tradition als Nutzpflanze hat. Ebenso wie das lateinische Wort *cucurbita* für Kürbis (vgl. S. 135) stand in der Antike auch der Vergleich mit der Wassermelone für einen aufgeblasenen, einfältigen Dummkopf. So verfasste der römische Schriftsteller Seneca eine ziemlich boshafte Satire auf den 54 n. Chr. verstorbenen Kaiser Claudius, der wohl ein ausgesprochener Schwachkopf war. Auch heute greift man gelegentlich zu Vergleichen aus der Nutzpflanzenbotanik und zitiert dazu vor allem die Kopfkohle.

KüchenTipp

In Streifen geschnittene Fruchtsegmente sind nicht nur im Mittelmeergebiet zusammen mit hauchdünnem Schinken (Parma, Serrano) eine sehr beliebte sommerliche Vorspeise. Zusammen mit dem abweichend gefärbten Fruchtfleisch anderer Melonen-Arten und -Sorten ergibt die Wassermelone in Obst- bzw. Fruchtsalaten hübsche Kontraste. Außerdem ist sie wegen ihres eher zurückhaltenden Aromas sehr gut mit vielen anderen Früchten zu kombinieren.

Saure Limette, Limone
Citrus aurantiifolia Rautengewächse *(Rutaceae)*

H bis 5 m Baum

International:
limón agria (E), lima (P), limetta (I),
limonette (F), Mexican lime (GB)

Merkmale Immergrüner kleiner
Baum mit dünnen Ästen und kurz bedornten Zweigen oder (sortenabhängig) dornenlos; Blätter wechselständig, bis 8 cm lang und 5 cm breit, oval
mit stumpfer Spitze, fein gezähnt,
Blattstiel schmal geflügelt; Blüten
klein, weiß oder blassrosa, in den
Blattachseln; Beerenfrucht vom *Citrus*-Typ (vgl. S. 38), kugelig, bis 6 cm
Durchmesser, kugelig, reif glänzend
grünlich gelb, glatt und dünn; Fruchtfleisch mit 8–11 Segmenten, saftig,
sehr sauer, von intensivem Aroma.
Die relativ wenigen Samen neigen
zur so genannten Polyembryonie –
aus einem Samen keimen gleich
mehrere Sämlinge.

Herkunft und Verbreitung Die
Saure Limette stammt aus SO-Asien
(indomalaysischer Raum). Die Araber
führten sie über N-Afrika nach Spanien und Portugal ein und von hier
gelangte sie im 16. Jahrhundert nach
Amerika. Heute wird sie überall in den
Tropen als eine der wichtigsten
Citrus-Früchte in zahlreichen Kultursorten angebaut.

Verwendung Saure Limetten werden kaum als Frischobst verzehrt. Der
weitaus überwiegende Teil der Ernte
geht als Saft in die Getränkeindustrie
(Limonaden) oder in die Herstellung
von Süßwaren mit intensivem
Fruchtaroma. Ein wichtiges Neben-
produkt ist das von der Kosmetikindustrie genutzte Limettenöl aus der
Fruchtschale. In SO-Asien und in
S-Amerika mariniert man Fisch mit
frischem Limettensaft. Der Saft ist Bestandteil zahlreicher berühmter

Cocktails (Caipirinha, Daiquiri, Margarita, Tequila Mockingbird, Planter's Punch).

Wissenswertes Im Handel wird die Saure Limette auch unter den Namen Westindische bzw. Mexikanische Limette angeboten. In den südwestlichen USA heißt sie „key lime", nach der vor der Südspitze Floridas liegenden Inselkette Florida Keys. Von hier stammt auch die Rezeptempfehlung. Verwechslungsmöglichkeiten bestehen zur Persischen Limette *(Citrus latifolia)*, die als Zitrone der Tropen gilt, auf den Märkten häufiger zu finden ist und vor allem in Israel, Kalifornien, Brasilien und Australien hauptsächlich zur Saftgewinnung angebaut wird. Die Schale der 5 – 6 cm Durchmesser messenden Früchte ist sehr glatt und ziemlich dünn. An der Spitze fällt wie bei der Zitrone ein deutlicher Buckel auf. Bei der Reife färben sie von hellgrün nach blassgelb um. Das Fruchtfleisch schmeckt sehr sauer, ist milder als das der Zitrone, aber nicht

so aromatisch wie das der Sauren Limette. Beide Limetten-Arten sind auch bei uns fast ganzjährig im Angebot. Die Schalen dieser Früchte sind im Gegensatz zu vielen anderen *Citrus*-Arten nicht chemisch behandelt, weil sie meist mit verwendet werden. Behandelte Schalen sind giftig und sind daher grundsätzlich nicht zum Verzehr geeignet. Bei der Handelsware muss die Behandlung deklariert werden.

Key Lime Pie

Für diese im südlichen Florida erfundene und unter anderem durch Ernest Hemingway bekannt gewordene Süßspeise existieren zahlreiche Varianten. Der folgenden Empfehlung liegt das Originalrezept zu Grunde.

Zutaten: 8 zerkrümelte Löffelbiskuits, 3 EL Zucker, 125 g Butter oder Margarine, 4 Eigelb, ¼ l Sahne, 2 TL geriebene Limettenschale, ½ Tasse frisch gepresster Limettensaft.

Zubereitung: Löffelbiskuits, Zucker und Butter (Margarine) mit etwas Limettensaft mischen und eine ofenfeste Form damit auskleiden. Anstelle des Löffelbiskuits kann man auch Mürbeteig verwenden, backt diesen leicht aus und lässt ihn abkühlen. Eigelb im Mixer gründlich verquirlen. Sahne hinzugeben und erneut mixen, Hälfte des Saftes und geriebene Schale hinzugeben, erneut kurz mixen, dann den Rest des Saftes einrühren. Masse auf den vorbereiteten Boden geben, im vorgeheizten Ofen kurz (170 °C, 12 min) bis zum Stocken backen.

Bitterorange, Pomeranze

Citrus aurantium Rautengewächse *(Rutaceae)*

H bis 10 m Baum

International: naranja amarga (E), laranja azeda (P), arancia amara (I), bigarade (F), seville (GB)

Merkmale Immergrüner kleiner Baum mit dichter, stark verzweigter Krone auf schlankem, geradem Stamm; Äste und Zweige mit bis zu 7 cm langen Sprossdornen bewehrt; Blätter wechselständig, mit deutlich verbreitertem (geflügeltem) Blattstiel; Blattspreite oval, bis 12 cm lang und 9 cm breit, fest, etwas lederig; Blüten weiß, einzeln in den Blattachseln, bis 4 cm breit, duften stark aromatisch; Beerenfrucht vom *Citrus*-Typ (vgl. S. 40) breit kugelig oder leicht oval, 7–9 cm breit, orange, in 10–12 Fruchtfächer unterteilt, ohne zentrale Marksäule, von betont sauer-bitterem Geschmack, mit dicker, stark grubiger Fruchtschale.

Herkunft und Verbreitung Die Art stammt aus SO-Asien (Randgebiete des Himalaja, N-Indien) und wurde schon früh in andere Gebiete gebracht. In Mitteleuropa pflanzte man sie ab der Neuzeit gerne in Orangerien an, da die Art relativ kälteunempfindlich ist und somit die Winter nördlich der Alpen gut übersteht. Heute wird sie auch in der Neuen Welt vielfach in Sorten kultiviert und verwildert stellenweise aus den Plantagen. Haupterzeugerländer für Bitterorangen sind Spanien, Italien (Sizilien), S-Afrika und Indien.

Verwendung Roh werden die Früchte wegen ihres problematischen Geschmacks kaum verzehrt. Allerdings finden sie vielfach eine andere Verwendung: In England bereitet man daraus nach kräftiger Zuckerung die fein aromatische und sehr schmackhafte Orangenmarmelade (eben die originale „marmelade") zu, die trotz ihres Namens keineswegs aus Apfelsinen hergestellt wird. Außerdem verarbeitet man das Fruchtfleisch durch Kandieren zum so genannten Orangeat, das ebenso wie Zitronat als Backzutat dient. Aus der dicken Fruchtschale einer besonderen Varietät, der Bergamotte (*Citrus aurantium* var. *bergamia*, manchmal als eigene Art *Citrus bergamia* aufgefasst), gewinnt man das in reiner Form dunkelbraune Bergamottöl, das für die Aromatisierung von Backwaren, Speiseeis, Erfrischungsgetränke und Kaugummi eingesetzt wird. Es ist unter anderem ein wichtiger Bestandteil von Likören (Angostura, Curaçao, Cointreau) und dient der Aromatisierung der berühmten englischen Teemischung „Earl Grey". Das Blütenöl der Pomeranze weist eine etwas andere Zusammensetzung auf. Unter der Handelsbezeichnung „Neroli-Öl" ist es unverzichtbarer Bestandteil vieler Parfüms mit betonter

Typisch für die Blüten der *Citrus*-Arten sind die vielen Staubblätter.

Fruchtnote, beispielsweise des Kölnisch Wasser (Eau de Cologne). Auch aus den grünen Blättern des Baumes gewinnt man ein aromatisches Öl mit der Bezeichnung Petitgrain-Öl; es wird überwiegend im Lebensmittelsektor eingesetzt und dient in Fruchtzubereitungen zur Verstärkung des Eigengeschmacks bestimmter Früchte. Aus den kleinen Früchten der früher als Varietät der Pomeranze gedeuteten und heute als eigene Art geführten Chinotte *(Citrus myrtifolia)* aus China gewinnt man ein stark bitteres Öl, mit dem man die in Italien beliebten Bitterlimonaden aromatisiert.

Wissenswertes   Die Pomeranze war einer der ersten Vertreter der *Citrus*-Früchte, der weit über sein Ursprungsgebiet in Indien hinaus verbreitet wurde. Im altindischen Sanskrit heißt die Pflanze „nagarunga". Etwas später taucht diese Bezeichnung im Persischen als „naranje" auf, woraus sich das

Dickschalige Bergamotte

Die ostasiatische Chinotte steht der Pomeranze sehr nahe.

heutige spanische Wort „naranja" bzw. die „Orange" überhaupt ableitet. Die Gesamtheit der weltweit gehandelten *Citrus*-Früchte fasst man wirtschaftsgeographisch unter der Sammelbezeichnung Agrumen zusammen. Die besten Qualitäten werden heute beidseits des Äquators im weltumspannenden Agrumen-Gürtel zwischen etwa 23° südlicher und 35° nördlicher Breite produziert. Der zwischen Nord- und Südhemisphäre wechselnde Ernterhythmus stellt ein ganzjähriges Handelsangebot sicher.

Weil der Pomeranzenbaum weniger anfällig für bestimmte Pflanzenkrankheiten und auch kältetoleranter ist als die nahe verwandte Apfelsine, hat man diese besonders robuste Art in vielen Teilen des Anbaugebietes lange Zeit als Veredelungsunterlage für verschiedene Citrus-Früchte verwendet.

KüchenTipp

Feinherbe Marmelade englischer Art

Die echte britische *marmelade* auf Bitterorangenbasis, die man um Himmels willen nicht als Konfitüre bezeichnen darf, ist lebensmitteltechnologisch dennoch eine, weil eine Marmelade im Unterschied zur Konfitüre nach üblicher Festlegung keine Fruchtstückchen enthalten sollte, aber in der *marmelade* tummeln sich welche.

Das Grundrezept ist sehr einfach: Auf einen Teil Frucht gibt man im Verhältnis 1:1 Gelierzucker. Wichtig ist, dass die fein geschnittenen Fruchtstückchen nicht zerkocht und nur vorsichtig mit der Zuckermasse verrührt werden. Ein kleine Menge Zitronensaft verstärkt den Eigengeschmack.

Pampelmuse, Pomelo
Citrus maxima (C. grandis) Rautengewächse *(Rutaceae)*

H bis 15 m   Baum

International: toronja, pomelo (E), toronja (P), pompelmo (I), pample- mousse (F), shaddock, pummelo (GB)

Merkmale Immergrüner, dichtkro- niger Baum mit bedornten, kantigen Zweigen; Blätter wechselständig, Blattstiele auffällig geflügelt, sehen aus wie eine zweite Blattspreite, ei- gentliche Spreite oval, glattrandig oder wenig gekerbt, mattgrün; Blüten einzeln oder in Büscheln in den Blatt- achseln, bis über 3 cm breit, mit ange- nehmem Duft; Beerenfrucht vom *Citrus*-Typ (vgl. S. 38), kugelig oder breitrund, gelb, bis 30 cm im Durch- messer und 3 kg schwer; Fruchtschale bis 3 cm dick; Fruchtfleisch blassgelb, rosa oder rötlich, löst sich im Allge- meinen recht leicht von der Schale, im Geschmack der Grapefruit ähnlich, aber nicht so bitter.

Herkunft und Verbreitung Die Art ist in SO-Asien beheimatet, wird aber heute im Tropengürtel weltweit in zahlreichen (auch kernlosen) Sorten kultiviert. Die heute gehandelten Früchte kommen oft aus Thailand oder zunehmend aus Israel, wo eine mittelgroße und leicht birnenförmige Sorte ('Goliath') angebaut wird.

Verwendung Die reifen Früchte werden als Frischobst verzehrt oder zu Saft, Sirup oder Konfitüre verarbei- tet. Sie eignen sich hervorragend als Zutat zu Obstsalaten oder als Beilage zu Fleischgerichten. Sie sind wochen- lang haltbar.

Wissenswertes Die mitunter kopf- große und auch Pumelo genannte Pampelmuse ist die mit Abstand größte und schwerste *Citrus*-Frucht. Sie sind sehr gut lagerfähig und daher praktisch das ganze Jahr über im An- gebot. Im Handel werden als Pomelo

Name Pomelo ist botanisch korrekt, aber nur für die Pampelmuse gültig. Im Unterschied zur Grapefruit schmeckt sie weniger aromatisch und ist auch nicht so saftreich.

Die Pampelmuse ist neben der Apfelsine eine der Elternarten der auf der Karibikinsel Barbados durch eine Zufallskreuzung entstandenen Grapefruit (vgl. S. 42), die heute das Marktangebot der nichtsauren, gelbschaligen *Citrus*-Früchte bestimmt.

auch Früchte angeboten, die eine Kreuzung aus Pampelmuse und Grapefruit sind. Der südostasiatische

KüchenTipp

Pampelmuse-Scampi-Salat

Zutaten (für 4 Portionen): 350 g Pampelmuse (oder Grapefruit; jeweils in Stückchen), 120 g Scampi (Krabben/Shrimps, jeweils ohne Schale), 30 g geröstete Erdnüsse, 10 g geröstete Kokosflocken, 1 kleine Zwiebel (fein gehackt). Für das Dressing: 2 EL Mayonnaise, 2 EL Crème fraîche. Zum Garnieren: 1 Gewürz-Paprika (Chili, in feinen Streifen), 1 Limette in feinen Scheibchen. Zubereitung: Alle Zutaten gründlich mischen, Dressing zugeben und zuletzt verzieren.

Pomelo-Orangen-Konfitüre

Zutaten: 500 g Fruchtfleisch und 200 g Schale einer Pampelmuse (Pomelo), 3 Orangen, 1 kg Gelierzucker. Zubereitung: Schale fein stückeln. Schalenstücke kurz sprudelnd kochen und dann ca. 30 min köcheln lassen, bis der weiße Teil glasig ist. Orangen auspressen. Fruchtfleisch und vorgekochte Schalenstückchen stückeln und mit einem Pürierstab zerkleinern. Orangensaft zugeben und mit Gelierzucker verrühren. Nochmals kurz aufkochen und heiß in Schraubdeckelgläser abfüllen.

AnzuchtTipp

Aus den Samen (Kernen) marktüblicher Früchte lassen sich recht problemlos Sämlinge ankultivieren. Man steckt die Kerne 1–2 cm tief in Anzuchterde, hält sie ständig gut feucht (aber nicht nass!) und stellt den Topf an einem hellen, warmen Platz auf. Eine übergestülpte Plastiktüte sorgt für die nötige, gleich bleibend hohe Luftfeuchtigkeit. Die Keimung kann mehrere Wochen lang auf sich warten lassen. Die recht wärmebedürftigen Pampelmusen vertragen bei uns selbst im Sommer den Aufenthalt im Freien nicht besonders, weil ihr Wachstum zu häufig ins Stocken gerät. Pampelmusenbäumchen hält man daher vorzugsweise bei relativ hoher Luftfeuchtigkeit im Kleingewächshaus.

Süß-Zitrone, Süße Limette
Citrus limetta Rautengewächse *(Rutaceae)*

H bis 5 m Baum
International: limón dulce (E),
lima doce (P), limetta dolce (I),
limette douce (F), sweet lime (GB)

Merkmale Immergrüner, kleiner Baum mit dichter Krone, kräftigen Ästen und bedornten Zweigen; Blätter wechselständig, mit schmal geflügeltem Blattstiel, randlich leicht gekerbt, im Umriss breit oval, beidseits matt dunkelgrün; Blüten weiß, einzeln oder in Büscheln; Beerenfrucht vom *Citrus*-Typ (vgl. S. 38) kugelig, etwa mandarinengroß, 5–9 cm im Durchmesser, vollreif grüngelb, mit sehr dünner, auffallend feinporiger, fest anhaftender Schale. Fruchtfleisch grünlich weiß, mit nur wenigen, weißlichen Kernen, im Geschmack trotz des etwas grasigen Aussehens angenehm süßlich und sehr aromatisch-würzig.

Herkunft und Verbreitung Die Art stammt aus dem tropischen Asien und wird in China, Japan, N-Indien und dem Iran in Sorten häufig angebaut, ferner in den USA (Kalifornien), Mexiko und S-Amerika (Peru). Wird in M-Europa nur nur selten gehandelt. Bei entsprechender Lagerung wie alle *Citrus*-Früchte längere Zeit haltbar

Verwendung Süß-Zitronen werden als Frischobst verzehrt. Den Saft nimmt die Getränkeindustrie ab. Aus der Fruchtschale gewinnt man durch Destillation das angenehm duftende ätherische Öl.

Wissenswertes Die Süß-Zitrone ist nicht identisch mit der Indischen Limette oder Palästina-Limette *(C. limettioides)*, die mitunter ebenfalls Süß-Limette bzw. Süße Limette genannt wird. Limetten verwendet man im gewerblichen Anbau als Pfropfunterlagen für andere *Citrus*-Arten.

Zitrone
Citrus limon Rautengewächse *(Rutaceae)*

H bis 8 m Baum

International:
limón (E), limão (P), limone (I),
citron (F), lemon (GB)

Merkmale Immergrüner, kleiner Baum oder größerer Strauch; Äste und Zweige in den Blattachseln gewöhnlich kräftig bedornt; Blätter lanzettlich-elliptisch, mit kurz ausgezogener, stumpfer Spitze, Blattstiel um 1 cm lang, nicht oder nur sehr schmal geflügelt, Spreite ledrig, oberseits matt dunkelgrün, unterseits weißlich grün, sortenabhängig bis 10 (16) cm lang und 4 (8) cm breit, deutlich schmaler als beim Apfelsinenbaum, vom Blattstiel immer deutlich abgesetzt, gekerbt bis fein gezähnt, duften beim Zerreiben angenehm aromatisch; Blüten zu 1–3 in den Blattachseln, in der Knospe dunkel purpurn, Kronblätter 5, etwa 2 cm lang, etwas fleischig, geöffnet innen reinweiß, außen rötlich überlaufen; Staubblätter zahlreich, meist zwischen 30–40; Beerenfrucht vom *Citrus*-Typ, oval, leuchtend hellgelb, bis 14 cm lang und 8 cm breit, Schale sortenabhängig glatt oder rau, mit zahlreichen Ölzellen.

Herkunft und Verbreitung Die genaue Herkunft der Art ist unklar, möglicherweise stammt sie aus N-Indien, vielleicht aber auch aus N-Afrika. Von den Arabern wurde sie jedenfalls schon vor über 1000 Jahren nach S-Europa eingeführt und kultiviert. Kolumbus nahm sie 1492 mit in die Neue Welt. Seither wird die Art weltweit in zahlreichen Sorten in mediterranen Klimagebieten kultiviert. Die Vermehrung für den Plantagenanbau erfolgt meist über Stecklinge. In den Tropen gedeihen Zitronen nur im relativ kühlen Bergland.

Plantagenbäume tragen etwa 30 Jahre lang.

Verwendung Von der Zitrone verwendet man gewöhnlich nur den Saft, der besonders reich an Vitamin C ist (bis etwa 50 mg/100 g Frucht, Tagesbedarf etwa 100 mg). Er dient zum Säuern oder Aromatisieren von Getränken, Süßigkeiten, Salaten oder zur Herstellung von Limonaden, deren Bezeichnung sich vom wissenschaftlichen Artnamen der Zitrone ableitet. Mit Zitronenscheiben dekoriert man Getränke und Speisen. Das ätherische Öl der bis 1 cm dicken Fruchtschale wird in der Parfümerie bzw. in Kosmetika eingesetzt.

Wissenswertes Botanisch ist die erntereif hellgelbe Zitrone eine Beere. Allerdings zeigt sie in Entwicklung und Aufbau einige Besonderheiten. Die äußere Fruchtwand ist durch Carotinoide artabhängig gelb oder oran-

ge gefärbt und heißt deswegen Flavedo. Nach innen folgt ein zur Reife eher trockenes und leicht schwammiges Gewebe, die Albedo. Aus der inners-

Die Rauschalige Zitrone gehört zu einer eigenen Art.

ten, sehr dünnen Fruchtwandschicht entwickeln sich nun zahlreiche Saftschläuche, die die 8–10 Fruchtfachhöhlen (Segmente) allmählich ausfüllen, sich dabei gegenseitig abplatten und zur Reifezeit wie ein normales Fruchtfleisch erscheinen. Bei der Zitrone löst sich die Albedo-Schicht nur sehr schwer von der Saft führenden, stark sauren und leicht grünlichen inneren Fruchtwandschicht.
Sorten- und herkunftsabhängig sind Fruchtform und Schalenstruktur der Handelszitronen unterschiedlich. Typisch für die Zitrone ist jeweils die kegelförmige, klar abgesetzte Spitze.

Der stark saure Geschmack geht auf den hohen Gehalt an Zitronensäure zurück, deren Anionen man nach der Gattungsbezeichnung Citrate nennt. Diese Verbindung spielt im Stoffwechsel fast aller Lebewesen eine zentrale Rolle (Zitronensäure-Zyklus). Zitronenbäume blühen und fruchten gleichzeitig. Je nach Erntezeitpunkt unterscheidet man verschiedene Typen von Exportzitronen: Primofiori werden von Oktober bis April geerntet, Limoni als bestes Angebot von Dezember bis Juni. Verdelli oder Grünlinge nennt man vorzeitig geerntete, noch grünschalige Früchte, die von Juni bis September im Angebot sind. Alle diese Ernten stammen meist von der gleichen heute hauptsächlich angebauten Sorte und unterscheiden sich in Fruchtform, Dicke der Schale und Saftgehalt. Als beste Ernte gelten die sehr saftigen und lange zeit haltbaren Limoni.
Die Rauschalige Zitrone (*C. jambhini*) ist eine eigene Art aus SW-Asien. Sie wird in S-Asien und S-Amerika häufig angebaut oder als Pfropfunterlage für andere *Citrus*-Früchte eingesetzt. Die auffallend bucklig aussehenden hellgelben Früchte werden ebenso verwendet wie die üblichen Zitronen.

AnzuchtTipp

Die Samen (Kerne) reifer Zitronen lässt man nach der Entnahme aus der Frucht leicht antrocknen und steckt sie dann in nährstoffreiche Kübelpflanzenerde oder in ein spezielles Citruspflanzen-Kultursubstrat aus dem Gartenfachhandel. Die Keimung erfolgt meist innerhalb weniger Tage. Die Pflanzen brauchen während der Wachstumsphase im Sommer regelmäßig und reichlich Wasser. Sie werden bei etwa 12–15 °C hell überwintert und dann nur gelegentlich gegossen. Ähnlich verfährt man mit Pflanzen, die aus Triebstecklingen ankultiviert wurden.

Zitronat-Zitrone

Citrus medica Rautengewächse *(Rutaceae)*

H bis 5 m Baum

International:
cidra (E), cidrão (P), cedro (I),
cédrat (F), citron (GB)

Merkmale Immergrüner, kleiner Baum oder Strauch mit abstehenden, bedornten Zweigen; Blätter wechselständig, Blattstiele nicht geflügelt, Spreite bis 15 cm lang und 9 cm breit, oval, spitz, matt dunkelgrün, lederig; Blüten weiß oder leicht rötlich überlaufen, einzeln oder in Büscheln, duften aromatisch; Beerenfrucht vom *Citrus*-Typ (vgl. S. 38) mit auffallend dicker, warziger, leuchtend gelber Schale; Fruchtfleisch im Geschmack je nach Sorte süß oder stärker sauer.

Herkunft und Verbreitung Die Art stammt vermutlich aus SO-Asien (Indien) und wurde schon im Altertum im Mittelmeergebiet kultiviert. Angeblich brachte Alexander der Große sie von seinem Indienfeldzug mit. Der Mittelmeerraum (Sizilien, Korsika, Griechenland) ist bis heute die wichtigste Anbauregion.

Verwendung Das nicht allzu saftige Fruchtfleisch der Zitronat-Zitrone wird kaum als Frischobst gegessen, sondern geht überwiegend in die Konfitüren- oder Mischsaftherstellung. Die Art wird hauptsächlich wegen ihrer dicken Fruchtschale angebaut, die ein besonderes ätherisches Öl führt. Man stellt aus der sehr dicken Albedo-Schicht (s. S. 39) durch Kandieren Zitronat bzw. Sukkade her, eine beliebte, aromatische Backzutat.

Wissenswertes Zur Herstellung von Zitronat (Sukkade) legt man die Schalen noch nicht gelbreifer, halbierter Früchte zunächst bis zum Glasigwerden in Salzwasser ein und überführt sie dann in Zuckersirup.

Grapefruit
Citrus × paradisi Rautengewächse *(Rutaceae)*

H bis 10 m Baum
International:
grapefruit (E, P, I, F, GB)

Merkmale Immergrüner Baum mit dichter, rundlicher Krone, dicken Ästen und kräftig bedornten, kahlen Zweigen; Blätter wechselständig, kurz gestielt, im Umriss länglich oval mit kurzer Spitze, Blattstiel deutlich geflügelt, oberseits dunkelgrün, fein gezähnt; Blüten weiß, bis 4 cm breit, einzeln oder büschelig in den Blattachseln; Beerenfrucht vom *Citrus*-Typ (vgl. S. 38), breit kugelig, bis 15 cm im Durchmesser; Fruchtschale meist dünn, reif blassgelb bis hellorange; Fruchtfleisch hellgelb, rosa oder kräftiger rötlich, sehr saftig, umfasst 11–14 Segmente, im Geschmack angenehm bitter-süßsäuerlich, innen oft mit Hohlraum.

Herkunft und Verbreitung Grapefruit entstand um 1750 in der Karibik vermutlich als Zufallskreuzung aus der Pampelmuse *(C. maxima)* und der Apfelsine *(C. sinensis)* (daher das Malzeichen × im wissenschaftlichen Namen!). Ihr Anbau für den Fruchtexport begann erst um 1880 in Florida. Später verlagerte er sich nach Israel und S-Afrika. Die Welternte beläuft sich auf etwa 10 % der Apfelsine.

Verwendung Die vitaminreichen und angenehm aromatischen Früchte werden überwiegend frisch als Obst verzehrt, indem man die Beere halbiert, etwas zuckert und segmentweise auslöffelt. Dazu trennt man die einzelnen Segmente mit einem kleinen, gezähnten Messer und führt dann einen zusätzlichen Rundschnitt entlang der Schale aus. Ein Spritzer Rum oder Maraschino (Fruchtlikör) verfeinert den Geschmack erheblich.

Gebietsweise stellt man aus dem Fruchtfleisch auch Marmeladen her. Grapefruitscheiben dienen auch als Dekoration von Fleischgerichten. Sie sollten aber nicht mitgegart werden, weil sie dabei den größten Teil ihrer Aromastoffe verlieren. Die Hauptmenge der weltweiten Fruchtproduktion geht in die Getränkeherstellung, wobei die rosa- bzw. rotfleischigen Sorten zunehmend bevorzugt werden. Aus der hellen Albedo-Schicht gewinnt man einen Bitterstoff für die Likör- und Süßwarenindustrie.

Grapefruit gibt es auch in zahlreichen rotfleischigen Sorten.

Wissenswertes Den Namen verdankt diese *Citrus*-Frucht der Tatsache, dass die Früchte wie Trauben (engl. grapes) an den Zweigen wachsen. Umgangssprachlich und im Handel unterscheidet man sie oft nicht korrekt von der deutlich größeren Pampelmuse (vgl. S. 35). Grapefruit erreicht ihren geschmacklichen Höhepunkt, wenn die Schale schon ein wenig schlaff aussieht und sich weich anfühlt. Die Sorten mit rosafarbenem oder kräftiger rötlichem Fruchtfleisch schmecken im Allgemeinen lieblicher und etwas süßer als die gelbgrünen. Unreif geerntete Früchte reifen im Unterschied zu anderen *Citrus*-Früchten kaum nach. Unter der Handelsbezeichnung „Pomelitas" ist zeitweilig eine 1985 in Israel entstandene Kreuzung aus Grapefruit und Pampelmuse (vgl. S. 36) im Angebot, deren pampelmusenähnliche, bis 1,5 kg schwere Früchte sehr saftig sind und angenehm süß schmecken. Für den kommerziellen Anbau werden Grapefruit-Reiser meist auf Unterlagen von anderen *Citrus*-Arten gepfropft.

Grapefruit-Sommersalat
Zutaten (für 4 Portionen): Für das Dressing 1 TL Senf, 3 EL Olivenöl, Saft einer Zitrone oder Limette, Salz, Pfeffer; für den Salat 4 Avocados, 2 Grapefruit (oder Pampelmusen), 250 g Makrelen- oder Forellenfilet (vorher in trockenem Weißwein, z. B. Chardonnay oder Chenin blanc, eingelegt).
Zubereitung: Zuerst das Dressing vorbereiten und Senf, Öl, Fruchtsaft sowie etwas Salz und Pfeffer in einem Mixbecher mischen, dann verschlossen kräftig durchschütteln und 10 min stehen lassen. Avocados halbieren, Fruchtfleisch auslösen und in schmale Streifen schneiden. Grapefruit (Pampelmuse) schälen, halbieren, entkernen und in die einzelnen Fruchtsegmente zerlegen; diese im Wechsel zwischen die Avocadostreifen legen, Fisch-Filetstückchen zugeben, Weißwein und zuletzt das Dressing darüber geben. Kühl servieren.

Mandarine, Clementine, Satsuma
Citrus reticulata (C. deliciosa) Rautengewächse *(Rutaceae)*

H bis 7 m   Baum

International: mandarina (E),
mandarina (P), mandrino (I),
mandarine (F), mandarin (GB)

Merkmale Immergrüner, kleiner Baum oder größerer Strauch mit dichter Krone, schlanken Ästen und bedornten Zweigen; Blätter wechselständig, etwa 1 cm lang gestielt, lederig, lanzettlich, sortenabhängig mit kürzerer oder schlankerer Spitze, fein gesägt, matt dunkelgrün, Blattstiel ziemlich schmal geflügelt; Blüten weiß, einzeln oder in Trauben in den Blattachseln; Beerenfrucht vom *Citrus*-Typ (vgl. S. 38), abgeflacht kugelig und an beiden Enden leicht eingedellt, bis 10 cm im Durchmesser; Fruchtschale reif orangegelb, in der Flavedo-Schicht (die äußere Fruchtwand) mit ätherischem Öl von charakteristischem Aroma; Fruchtfleisch sehr saftig, löst sich leicht von der Schale.

Herkunft und Verbreitung Die Stammform *(C. reticulata)* ist in SO-Asien (indomalaysischer Raum, Philippinen) beheimatet, während die zahlreichen Sorten (über 500; manchmal dem eigenen Formenkreis *C. deliciosa* zugeschrieben) heute weltweit in Kultur sind. Seit der Mitte des 19. Jahrhunderts baut man sie auch in großem Maßstab im Mittelmeergebiet an. Nach der Apfelsine sind die Mandarinen-Sorten die weltweit nach der Produktionsmenge bedeutendsten *Citrus*-Früchte: Die Weltproduktion macht etwa 20 % derjenigen der Apfelsine aus.

Verwendung Mandarinen verwendet man überwiegend als Frisch- bzw. Tafelobst, in Obstsalaten oder – vor allem in Dosen konserviert – zum Dekorieren von Süßspeisen (Sahnetorten, Desserts). Das aus den Schalen gewinnbare Öl ist ein aromatisierender Rohstoff für die Getränkeherstellung und Kosmetikindustrie. Unbehandelt nicht lange haltbar, daher wird die Handelsware chemisch behandelt.

Wissenswertes Generell zeichnen sich Mandarinen dadurch aus, dass sich die weißliche Albedo-Schicht nicht besonders stark entwickelt und die Schale daher leicht vom Fruchtfleisch lösen lässt („easypeeler"). Die genaue botanische Abgrenzung der einzelnen Sorten und ihre vermutete Artzugehörigkeit sind fallweise umstritten. Die hier vorgenommene moderne und auch im Fachhandel übliche Einteilung fasst die vier wichtigsten Sortengruppen unter die gleiche Stammart *Citrus reticulata*. Danach sind zu unterscheiden:

> **Tangerine** (*C. reticulata* var. *deliciosa*): tief orangerote, sehr locker sitzende Schale, Fruchtfleisch säurearm, relativ wenig aromatisch ohne ausgeprägten *Citrus*-Geschmack, in der Nähe der marokkanischen Stadt Tanger entdeckt, liefert die in der Gastronomie und Konditorei gerne verwendeten Mandarinenstücke in Konservendosen;

> **Satsuma** (*C. reticulata* var. *unshiu*): gelegentlich auch als eigene Art aufgefasst, kräftig orange Schale, leicht ablösbares Fruchtfleisch, säurearm und entsprechend ziemlich süß, frühe Reife und relativ kältefest, daher meist als erste der Saison auf dem europäischen Markt, kernarm oder kernlos, stammt nach mehrheitlicher Einschätzung ursprünglich aus der japanischen Provinz Satsuma;

> **Clementine** (*C. reticulata* × *C. sinensis*): Zufallskreuzung aus Mandarine und Apfelsine (nach anderer Vermutung Pomeranze), 1912 im Garten des Trappistenmönches Pierre Clé-

Bei der Satsuma löst sich die Schale leicht ab.

Clementinen entstanden aus einer Zufallskreuzung in Nordafrika und sind heute die Marktführer.

ment bei Oran (Algerien) entdeckt, Schale etwas dicker, Fruchtfleisch sehr saftig und aromatisch, ziemlich süß, länger lagerfähig (bis zu 2 Monate) als andere Sorten;

> **Tangelo** (*C. reticulata* × *C. paradisi*): um 1890 in Florida aus Mandarine (vermutlich Sortengruppe Satsuma) und Grapefruit entstanden, heute eine Sortengruppe von Kreuzungen, an der fallweise auch der Pampelmuse (vgl. S. 35) beteiligt ist, etwa apfelsinengroß, Schale ziemlich dünn, Fruchtfleisch leicht säuerlich

und etwas bitter, aber betont aromatisch; sofern sie aus Israel stammen, meist unter der Handelsbezeichnung Jaffarine angeboten.

Eine weitere bemerkenswerte Kreuzung ist die sehr saftige, meist kernlose, im Jahre 1931 in Florida entstandene Minneola (Dancy-Tangerine × Duncan-Grapefruit), die man an ihrem prominenten Buckel (zusätzliche Blütenetage wie bei Navel-Orangen) erkennt. Seit etwa 1970 ist diese Kreuzung auch bei uns häufiger im Angebot.

AnzuchtTipp

Kerne aus vollreifen Mandarinen steckt man 1–2 cm tief in eine Mischung aus Anzuchterde und wenig Sand. Günstiger Aussaattermin ist das Frühjahr gegen Ende der *Citrus*-Saison, dann kann die kräftigere Sonne die Keimlinge besser mit Licht und Wärme versorgen. Stülpen Sie anfangs eine Plastiktüte als Mini-Gewächshaus über, um die Luftfeuchtigkeit hochzuhalten. Die Keimung kann eventuell 2 Monate auf sich warten lassen.

Apfelsine, Orange
Citrus sinensis Rautengewächse *(Rutaceae)*

H bis 10 m   Baum

International: naranja (E), laranja (P), arancia (I), orange douce (F), sinaasappel (NL), sweet orange (GB)

Merkmale Immergrüner Baum oder größerer Strauch mit anfangs kegeliger, später rundlicher und dicht belaubter Krone; Blätter wechselständig, 1–3 cm lang gestielt, lanzettlich, am Ansatz gerundet und vorne spitz ausgezogen, fein gezäht, mit schmal geflügelten Blattstielen, lederig, oberseits glänzend dunkelgrün, bis 12 cm lang und 8 cm breit, bleiben 2–3 Jahre am Baum; Blüten bis 3 cm breit, einzeln zu 3–5 in den Blattachseln, 5 reinweiße Kronblätter weit zurückgeschlagen, zahlreiche hellgelbe Staubblätter, sehr intensiver und angenehmer Duft; Beerenfrucht vom *Citrus*-Typ (vgl. S. 38), breit kugelig oder länglich oval, bis 10 cm im Durchmesser, reif relativ glattschalig oder sortenabhängig stärker genarbt; Fruchtfleisch mit 10–14 Segmenten, kräftig gelb oder dunkelrot (Blutorangen), sehr saftig, von angenehmem Geschmack.

Herkunft und Verbreitung Der Ursprung des Apfelsinen- oder Orangenbaums wird in SO-Asien (S-China, Indochina) angenommen, zumal die Art dort schon seit Jahrtausenden kultiviert wird. In Europa wurde sie erst im 15. Jahrhundert bekannt, wobei der genaue Weg der Einführung unklar ist. Um 800 v. Chr. soll sie bereits die berühmten Hängenden Gärten der Semiramis in Babylon geziert haben. Da jedoch die Araber die Frucht kannten, gelangte sie wahrscheinlich über den Vorderen Orient nach Spanien und Portugal und von dort mit den iberischen Eroberern in die Neue Welt. Die ersten Pflanzungen in den heutigen USA entstanden nach 1513 – in Florida ist die Orange bis heute Staatssymbol. In Spanien wurden die ersten Orangenkulturen im 18. Jahrhundert angelegt. Aber erst die Verfügbarkeit einer modernen und leistungsfähigen Transportlogistik (nach 1950) ließ die Apfelsine zu einer der bedeutendsten Exportfrüchte werden. Heute ist sie mit über 60 Mio. Tonnen die weltweit am meisten angebaute *Citrus*-Frucht. In der Kultur benötigt die Art lockere, etwas steinige, kalkhaltige und gut wasserdurchlässige Lehmböden.

Verwendung Orangen werden roh als Frisch- bzw. Tafelobst verzehrt oder sind Bestandteil von Fruchtcocktails und Obstsalaten. Ein großer Teil der Ernte geht in die Getränkeherstellung, wobei die Fruchtsaftkonzentrate meist in den Erzeugerländern produziert werden, die endgültige Mischung aber erst in den Verbraucherländern erfolgt. Insofern schmeckt „O-Saft" aus der Flasche völlig anders als frisch gepresster Fruchtsaft. Das in der Flavedo-Schicht der Fruchtschale (vgl. S. 39) enthaltene ätherische Öl von komplexer und variantenreicher Zusammensetzung wird in reiner Form als Aromalieferant für verschiedene Bereiche der Lebensmitteltechnologie (Konditorei, Süßwaren, Liköre, z. B. Grand Marnier) gewonnen. Die nektarreichen Blüten werden gerne von Bienen angeflogen und ergeben einen ausgesprochen aromatischen Honig.

Wissenswertes Die Bezeichnung Orange, die in vielen europäischen Sprachen auch zum Farbadjektiv wurde, leitet sich aus dem Sanskrit ab (vgl. S. 33). Die meisten Apfelsinen-

Wie viele der anderen *Citrus*-Arten blühen und fruchten auch die Orangenbäume gleichzeitig.

Die Kaffir-Limette hat regionale Bedeutung in Ostasien.

sorten benötigen eine relativ lange Reifezeit. Die frühesten Kultursorten sind ab September marktreif, die spätesten ab etwa März. Allerdings kann man die Früchte fast aller Sorten für einige Monate sozusagen „auf dem Baum lagern", ohne dass nennenswerte Qualitätsverluste zu befürchten sind. Reife Apfelsinen enthalten durchschnittlich nur etwa 30 % der Menge an organischen Säuren (vor allem die für den Stoffwechsel bedeutsame Zitronensäure) wie Zitronen, aber etwa die gleiche Menge Vitamin C (bis 50 mg je 100 g essbarer Fruchtanteil; Tagesbedarf ca. 100 mg). In der längs aufgeschnittenen Apfelsine ist zu erkennen, dass das zentrale, weißliche Gewebe, Columella genannt, nur etwa bis zur Hälfte verläuft. In diesem Strang liegen die aus dem Fruchtstiel kommenden Leitbahnen für die Stoffimporte in das saftige Fruchtfleisch.

Auch die Apfelsine hat man nicht nur innerhalb der Art züchterisch be-

trächtlich zu einem beeindruckenden Sortenreichtum entwickelt, sondern auch mit etlichen anderen *Citrus*-Arten gekreuzt. Bemerkenswerte Kreuzungen sind Ortanique (Orange × Tangerine, vgl. S. 45), King (Orange × Satsuma), Ugli (Grapefruit × Tangerine × Orange).

Außer den handelsüblichen *Citrus*-Arten besteht noch eine größere Anzahl weiterer Arten, die allerdings nur regional konsumiert werden. Beispiele sind Yuzu *(C. junos)* und Sudachi *(C. sudachi)* aus Japan, die auffällig warzige Kaffir-Limette bzw. Papeda *(C. hystrix)* aus Malaysia und die Calamansi *(C. madurensis)* von den Philippinen.

Die als Zimmerpflanzen angebotenen Orangenbäumchen gehören oft verschiedenen Arten an. Häufig sind es Sorten von Kumquat *(Fortunella*-Arten, vgl. S. 62) oder der Calamondine *(C. mitis)*. Ferner gibt es auch von der Apfelsine zwergwüchsige und für die Zimmerkultur geeignete Sorten.

Honig-Melone, Zucker-Melone

Cucumis melo Kürbisgewächse *(Cucurbitaceae)*

H bis 2 m Kraut

International:
melón (E), melão (P), melone (I),
melon (F), melon (GB)

Merkmale Einjährige Pflanze mit reich verzweigten, liegenden oder kletternden, weich behaarten Stängeln, die sich mit unverzweigten Ranken festhalten; Blätter wechselständig, rundlich, herzförmig oder tief gelappt, bis 20 cm lang und 10 cm breit, behaart; Blüten gelb, eingeschlechtig, öffnen sich nur einmal am Vormittag; Beerenfrüchte im Unterschied zur Schlangen-Melone nicht salatgurkenartig schlank, sondern sortenabhängig kugelig bis oval, bis 30 cm lang; Fruchtschale glatt, runzlig, rissig oder netzförmig, gerippt, kahl oder behaart, weißlich bis kräftig gelb oder bräunlich grün gesprenkelt; Fruchtfleisch blass grünlich, rosa, gelb oder orange, von angenehm aromatischem, süßem Geschmack mit schwacher Ananasnote.

Herkunft und Verbreitung Als Heimat dieses Kürbisgewächses nimmt man Zentralafrika (den heutigen Sudan) an. Über Ägypten, wo sie schon zur Zeit der Pharaonen kultiviert wurde, und die Ägäis kam die Frucht zu den Römern. Im frühen 9. Jahrhundert schwärmt der gartenkundige Abt Walahfrid vom Kloster Reichenau von den Vorzügen der Melonen in seinem Garten. Heute werden Honig-Melonen sortenreich in vielen Gebieten der Tropen und Subtropen angebaut. Die in Deutschland angebotenen Exemplare kommen meistens aus den Mittelmeerländern.

Verwendung Die reifen Früchte schmecken im Unterschied zu einigen anderen Formen der Melone nicht nach Gurken, sondern erfrischend süß. Man isst sie daher roh als Obst oder verwendet sie in Fruchtsalaten, vorteilhaft in Farbsorten (beispielsweise die gelbfleischige und sehr aromatische Sorte 'Charentais' mit der grünlichen, aber süßen Sorte Galea). In SO-Asien legt man die regional geernteten Sorten auch als Pickles ein oder bereitet sie, vor der Vollreife geerntet, als Gemüse zu. In Vorderasien wird das Fruchtfleisch getrocknet, um daraus ein honigartiges Produkt (= Bekmes) herzustellen. Die chinesische Medizin verwendet gepulverte Fruchtstiele gegen chronischen Schnupfen. Gekühlt sind die Früchte 1–2 Wochen lagerfähig.

Wissenswertes Das Dorf Cantalupo in der Nähe von Rom gilt als antiker Ursprung des gärtnerischen Anbaus der Honig-Melone in Europa. Danach ist die wirtschaftlich bedeutsame Sortengruppe Cantaloup- oder Netzmelone (Kantalupen) benannt.

Von den 10 international anerkannten Sortengruppen sind nur 3 im Handel, die im deutschen Sprachgebrauch unterschiedslos als Honig- oder Zucker-Melonen oder einfach nur als Melonen bezeichnet werden, wobei zu berücksichtigen ist, dass die Wassermelone (vgl. S. 27) botanisch eine eigene Art darstellt. Bei allen Sorten der Honig-Melone liegen die zahlreichen Kerne wie bei Kürbissen in einer zentralen Höhle und sind daher vor der Zubereitung sehr leicht zu entfernen.

Da die Honig-Melone die Frucht einer einjährigen Pflanze ist, zählt man sie warenkundlich mitunter auch zum Gemüse, obwohl sie obstartig süß schmeckt und entsprechend wie Obst zubereitet wird. Botanisch ist sie allerdings mit der Gurke viel näher verwandt als mit der Wassermelone, ist aber mit beiden nicht fruchtbar zu kreuzen.

KüchenTipp

Melonen-Scampi-Salat
Zutaten (für 4–6 Portionen): 500 g Honig-Melone (verschiedene Farben) und Wassermelone, 200 g Scampi, 1 Karambole (Sternfrucht), Zitronensaft, 1 EL Traubenkern- oder Nussöl, 1 EL Mayonaise, 1 EL Schnittlauchröllchen, 4 EL Crème fraîche, 1 Glas Portwein, dünn geschälte oder geriebene Zitronenschale (unbehandelt!), Salz, Pfeffer.
Salatzubereitung: Melonen-Fruchtfleisch mit Kugelausstecher auslösen. Zitronensaft mit Salz, Pfeffer, Öl, Schnittlauch verrühren, mit Scampi und Melonenkugeln mischen. Dressing: Mayonnaise, Crème fraîche, Portwein und Zitronenschale bis zur Transparenz verrühren. Salat in Glasschalen geben, mit Dressing anrichten und mit Karambole-Scheiben garnieren.

Classic-Cocktail AWOL (Away without official leave)
Zutaten (1 Portion): 2 cl Melonenlikör, 1 cl Limettensaft, 1 cl Wodka, 1 cl Weißer Rum (alle vorgekühlt) mit Eis in einem Rührglas verrühren und in ein gekühltes Cocktailglas abseihen.

Baumtomate, Tamarillo

Cyphomandra betacea Nachtschattengewächse *(Solanaceae)*

H bis 6 m   Strauch

International: tomate de arbol (E), tomate de arvore (P), tamarillo (I), cyphomandre (F), tree tomato (GB)

Merkmale   Immergrüner Strauch oder kleiner Baum mit gedrungenem, kurzem Stamm und dicken, biegsamen Ästen; Blätter wechselständig, lang gestielt, herzförmig, zugespitzt, bis 30 cm lang und 15 cm breit, weich, fein behaart, duften beim Zerreiben unangenehm; Blüten sternförmig, rosa bis hellblau; Beerenfrucht hühnereigroß, reif orange, tomaten- oder purpurrot, gelegentlich auch violett oder gestreift; Fruchtschale glatt, fest, etwas lederig.

Herkunft und Verbreitung   Die Gattung *Cyphomandra* ist mit etwa 40 Arten in S-Amerika verbreitet. Davon stammt die Baumtomate aus den Anden (Bolivien, Ecuador, Peru) und wurde dort von den Indios schon seit Jahrhunderten kultiviert. Anbau heute auch in Gebirgsregionen in Afrika und in Neuseeland.

Verwendung   Die überhaupt nicht nach Tomaten, sondern erfrischend süß-säuerlich schmeckenden vitaminreichen Früchte werden roh, gekocht oder gegrillt als Gemüse verzehrt, lassen sich aber auch in Eintöpfen, Chutneys, in Saucen und Pürees verwenden. Man kann die Früchte aber auch – mit Zucker bestreut – als Obst essen und das pflaumenartige Fruchtfleisch gleich aus der Schale löffeln. Gekühlt sind sie mehrere Wochen haltbar.

Wissenswertes   Die in Deutschland als „Baumtomaten" angebotenen Früchte gehören meist nicht zu dieser Art, sondern sind eine Varietät der gewöhnlichen Kultur-Tomate *(Lycopersicum esculentum)*.

Longan

Dimocarpus longan (Euphoria longana) Seifenbaumgewächse *(Sapindaceae)*

H bis 30 m   Baum
International:
longán (E), longan (P), longane (I),
longane (F), lungan (GB)

Merkmale   Immergrüner Baum mit rundlicher Krone; Blätter wechselständig, bis 30 cm lang, paarig gefiedert, Fiedern in 6–9 Paaren, bis 12 cm lang, schmal oval, oberseits dunkelgrün glänzend; Blüten klein, bräunlich gelb, zahlreich in endständigen, bis 45 cm langen Rispen; Nussfrucht rundlich-eiförmig, bis 3,5 cm im Durchmesser; Fruchtschale beigegelblich, dünn, lederig; das essbare Obst sind die glasig-weißen, dicken Samenmäntel; ihr leicht säuerlicher Geschmack erinnert an Erdbeeren. Die Samen sind nicht essbar.

Herkunft und Verbreitung   Die in S-China und SW-Indien beheimatete Art ist heute als beliebter Fruchtbaum fast überall in den Tropen verbreitet. Anbaugebiete sind SO-Asien ferner S-Afrika, Kenia, Australien, USA (S-Florida und Hawaii) sowie Israel. Die bei uns von Juni bis August erhältlichen Frischfruchtimporte kommen meist aus Thailand oder Israel.

Verwendung   Die Longan verzehrt man roh und möglichst gekühlt als Frischobst (s. auch S. 66). Für Desserts kann man sie mit Zucker und Zimt verfeinern oder mit anderen tropischen Früchten in Osbtsalate mischen. Wegen ihrer beschränkten Haltbarkeit sind Longans auch als Dosenkonserve im Handel. In China werden die Samenmäntel auch in Scheibchen getrocknet.

Wissenswertes   Die Longan gehört zur gleichen Familie wie die in Geschmack und Aussehen ähnlichen Tropenfrüchte Litchi (S. 66), Rambutan (S. 78) und Pitomba (S. 102).

Kakipflaume, Persimone

Diospyros kaki Ebenholzgewächse *(Ebenaceae)*

H bis 12 m Baum

International:
caqui (E), diospiro, caqui (P), kaki (I),
kaki, caqui (F), persimmon (GB)

Merkmale Sommergrüner Baum mit rundlicher, breiter und recht dichter Krone auf rundem, geradem Stamm; Rinde zunächst glatt dunkelbraun, später borkig und längs gefurcht oder geschuppt mit hell braungrauen Platten; Blätter wechselständig bis angenähert gegenständig, 1–2 cm lang gestielt, Blattstiele bräunlich behaart, Spreite bis 15 cm lang und 7 cm breit, länglicheiförmig, vorne spitz, am Stielansatz abgerundet oder keilförmig, oberseits dunkelgrün glänzend, unterseits behaart und heller; Blüten klein, eingeschlechtig, männliche Blüten in Büscheln, weibliche einzeln, 4-zählig, mit großem, grünem Kelch und blassbis schwefelgelber Krone, getrennt auf der gleichen Pflanze (einhäusig) oder auf verschiedenen Individuen (zweihäusig); Beerenfrucht tomatenähnlich, aber mit kurzer, aufgesetzter Spitze, bis 10 cm im Durchmesser, reif meist sehr druckempfindlich; Fruchtschale orangerot bis gelbbraun, am Stielansatz mit den bleibenden, stark vergrößerten, aber trockenen 4 Kelchblättern; Fruchtfleisch vollreif etwas glasig, sehr weich, schmeckt angenehm aromatisch.

Herkunft und Verbreitung Die Art stammt ursprünglich aus O-Asien (Japan, China). In den Mittelmeerländern, ferner in S-Amerika, N-Amerika (Kalifornien), SO-Asien (Korea) und Neuseeland wird sie häufig in Plantagen in Sorten angebaut.

Verwendung Das weiche Fruchtfleisch ist nur im Zustand der Vollreife zu genießen, wenn es schon fast puddingartig halbflüssig geworden ist, weil sonst der noch relativ hohe Gerbstoffgehalt geschmacklich stark stört. Es erinnert dann im Geschmack an Mirabellen oder eine Mischung aus Aprikosen und Vanilleeis. Man löffelt es am besten aus der gegenüber dem Stielansatz geöffneten Frucht. Kakipflaumen eignen sich als Zutat zu Quarkspeisen, Joghurt, Speiseeis sowie Obstsalat und werden auch kandiert, zu Konfitüren und Chutneys verarbeitet. Kühl gelagert sind sie mehrere Wochen haltbar. Die chinesische Medizin verwendet einen Aufguss der Fruchtschale gegen Bronchitis. Das dunkle, fast schwarze Holz verwendet man in O-Asien für Intarsien.

Wissenswertes Die Kakipflaume, in der der japanische Baumname *kaki* enthalten ist, wird auch unter der Bezeichnung Kakifeige, Kakiapfel, Chinesische Dattelpflaume oder Japanische Persimone gehandelt. Neue Marktsorten, vor allem die aus Israel stammende samenlose Sorte 'Sharon', die im Sharontal gezüchtet wurde und im Herbst auch bei uns häufig angeboten wird, haben ein etwas festeres und für den Versand daher deutlich besser geeignetes Fruchtfleisch,

das in seinem Geschmack eher an Pflaumenkompott erinnert. Man kann diese Sorte auch dann schon genießen, wenn das Fruchtfleisch noch relativ fest ist.

Aus der umfangreichen Gattung *Diospyros* werden einige weitere Arten als Obst genutzt. Die Virginische Dattelpflaume, Amerikanische Persimone oder Indianerfeige *(D. virgiana)* stammt aus den südöstlichen USA und wird zu Trockenobst verarbeitet. In Italien ist stellenweise die in W-Indien beheimatete Lotuspflaume *(D. lotus)* eingebürgert. Sie bringt nur kirschgroße Beeren hervor.

KüchenTipp

Gefüllte Kakis

Zutaten (für 4 Portionen): 4 reife Kakis (vorzugsweise der Sorte Sharon), 250 g Himbeeren, 3 EL Zucker, 250 g Vanilleeis, Schlagsahne.

Zubereitung: Von den Früchten den Teil mit den 4 Kelchblättern deckelartig abschneiden, Fruchtfleisch mit einem kleinen Löffel auslösen und zusammen mit Zucker und den Himbeeren mit einem Rührstab pürieren. Ausgehöhlte Früchte mit Vanilleeis befüllen und die pürierte Fruchtsauce darüber geben. Mit Granatapfelkernen und etwas Grenadine garnieren und mit einer kleinen Haube Schlagsahne kühl servieren.

Durian
Durio zibethinus Wollbaumgewächse *(Bombaceae)*

H bis 30 m | Baum

International:
Doorian (E), Durian (F, S, P)

Merkmale Immergrüner, dicht belaubter Baum mit breiter Krone und weit abstehenden Ästen; Blätter wechselständig, lanzettlich, mit langer Spitze, lederig, oberseits dunkelgrün, unterseits haarig beschuppt, bis 25 cm lang; Blüten einzeln oder in Büscheln und direkt am Stamm oder an den größeren Ästen, bis 7 cm lang, gelblich; Kapselfrucht kopfgroß und bis 3 kg schwer, grünlich, stachelspitzig, mit zahlreichen kastaniengroßen Samen, jeweils von einem cremeweißen, weichen Samenmantel eingehüllt, der das essbare Obst darstellt.

Herkunft und Verbreitung Der Durian stammt aus den Regenwäldern SO-Asiens (Malaysia, Indonesien, Sri Lanka) und wird in den übrigen Tropen eher selten angebaut.

Verwendung Die Samenmäntel werden roh als Frischobst oder gezuckert als Dessert gegessen sowie durch Kochen zubereitet, beispielsweise als würzige Paste zusammen mit Kürbis. Die Früchte sind nicht lange haltbar und schwer zu transportieren, daher wird das Obst auch in Konservendosen nach Europa exportiert.

Wissenswertes Der durchdringende Geruch der reifen Frucht entspricht einer Mischung aus durchfeuchteter Socke und faulen Eiern — der Verzehr ist daher in vielen Hotels untersagt und auch die Lagerung in geschlossenen Räumen nicht zu empfehlen. Andererseits gehört der Durian wegen seines Aromas (Vanille-Himbeer-Karamel-Sherry-Note) in SO-Asien zu dem am meisten geschätzten Obst.

Wollmispel, Loquat

Eriobotrya japonica Rosengewächse *(Rosaceae)*

H bis 7 m   Baum

International: nispero di Japón (E), nespero do Japão (P), nespola di Giappone (I), nèfle du Japon (F), loquat (GB)

Merkmale   Immergrüner, kleiner Baum oder großer Strauch mit unregelmäßiger, offener Krone und samtig behaarten jungen Zweigen; Blätter wechselständig, sehr kurz gestielt, elliptisch, bis 25 cm lang und 8 cm breit, oberseits nur anfangs weißlich und später kahl, unterseits bräunlich behaart; Blüten in gedrängten, aufrechten Rispen, bis 2 cm breit, cremeweiß, öffnen sich ungewöhnlicherweise im Herbst (IX–XI); Apfelfrucht etwa pflaumengroß; Fruchtschale gelblich bis orangegelb, leicht behaart (Name!); Fruchtfleisch saftig, cremefarben, schmeckt angenehm süß-säuerlich, enthält 2 steinkernartige Samen von Haselnussgröße.

Herkunft und Verbreitung   Die Wollmispel ist in SO-China und Japan heimisch, wurde im frühen 19. Jahrhundert in das Mittelmeergebiet eingeführt und wird dort als Zier- sowie als Fruchtbaum angepflanzt.

Verwendung   Die vitamin- und mineralstoffreichen reifen Früchte der gelegentlich auch Japanische Wollmispel genannten Art werden roh oder geschält als Obst verzehrt oder in Fruchtsalaten verwendet. Aus China erhält man auch Loquats als Dosenkonserve. In O-Asien legt man die Früchte süßsauer ein. Die mandelartig schmeckenden Samen dienen als Backzutat. Bei kühler Lagerung sind die Früchte viele Wochen haltbar.

Wissenswertes   Von den annähernd 30 Wollmispel-Arten, die alle in Asien beheimatet sind, hat nur diese Art eine gewisse Bedeutung als Fruchtgehölz.

Pitanga, Surinamkirsche

Eugenia uniflora Myrtengewächse *(Myrtaceae)*

H bis 7 m   Baum oder großer Strauch

International: cereza de Cayena (E), pitanga (P), ciliegia di Surinam (I), cérise de Surinam (F), Surinam cherry (GB)

Merkmale   Immergrüner Baum oder Großstrauch mit langen, meist hängenden Ästen; Blätter gegenständig, gestielt, oval-lanzettlich, bis 6 cm lang und 3 cm breit, oberseits matt dunkelgrün, im Austrieb rötlich, glattrandig, kahl; Blüten einzeln oder zu mehreren in den Blattachseln, 4-zählig, weiß mit gelblichen Staubblättern; Beerenfrucht reif rot bis violett oder schwärzlich, stark glänzend, länglich-kugelig, bis 3 cm im Durchmesser, in Längsrichtung breit wulstig gerippt, an den Enden eingedellt, an der Spitze mit den bleibenden Kelchblättern; Fruchtfleisch rot, saftig, kirschartig, schmeckt süßsäuerlich mit leicht harziger Note.

Herkunft und Verbreitung   Die Heimat der Art ist das nördliche S-Amerika (Uruguay, Brasilien, Guayanas). In diesen Ländern wird die Art auch als Ziergehölz angepflanzt. Darüber hinaus ist sie heute fast in den gesamten Tropen verbreitet.

Verwendung   Man isst die vitaminreichen Früchte roh als Frischobst oder in Fruchtsalaten. Wenn man sie stark zuckert und im Kühlschrank lagert, tritt reichlich Saft aus, womit sich der leicht bittere und etwas kratzende Nachgeschmack verliert. In den Anbauländern verwendet man die Früchte auch für Relishes, Pickles und in Gelees.

Wissenswertes   Der Gewürznelkenbaum (S. 237) wurde früher in die gleiche Gattung wie die Surinamkirsche gestellt. Verwandte Arten werden in Brasilien als Pitomba (vgl. S. 102) bezeichnet.

Arazá, Amazonasguave
Eugenia stipitata Myrtengewächse *(Myrtaceae)*

H bis 7 m   Baum oder Strauch
International:
arazá, pichi (E), araça-bois (P),
araza (I), araze (F), araza (GB)

Merkmale   Immergrüner kleiner Baum oder Strauch mit dicht verzweigter Krone; Blätter gegenständig, kurz gestielt, relativ dünn, aber fest, eiförmig-elliptisch, glattrandig, oberseits kahl mattgrün, unterseits leicht behaart, mit einzelnen gelben Drüsen, bis 15 cm lang und 7 cm breit; Blüten cremeweiß, etwa 2 cm breit, 4-zählig, mit zahlreichen Staubblättern, einzeln oder in Trauben in den Blattachseln; Beerenfrucht kugelig, bis 10 cm im Durchmesser und damit etwa apfelgroß; Fruchtschale glatt oder feinsamtig, reif gelb; Fruchtfleisch gelb, weich, saftig, schmeckt stark säuerlich (pH 2,4), aber mit angenehmer aromatischer Note.

Herkunft und Verbreitung   Die Arazá stammt aus dem tropischen S-Amerika (Amazonas-Tiefland) und wird zunehmend auch außerhalb des Ursprungsgebietes kultiviert, vor allem in der Karibik. Die Art wird gegenwärtig züchterisch bearbeitet.
Verwendung   Die reifen Früchte werden selten roh als Obst gegessen, sondern meist stark gezuckert als Kompott zubereitet. Überwiegend wird die Ernte jedoch zu Fruchtsaft und Konzentrat verarbeitet, die zunehmend auch nach Europa exportiert und zur Aromatisierung von Multivitamingetränken verwendet werden. Sie sind nur sehr kurz lagerfähig.
Wissenswertes   Die beiden nahe verwandten Gattungen *Eugenia* und *Syzygium* aus S-Amerika umfassen nahezu 1000 Arten. Viele davon sind in ihrer Heimat bedeutende Nutzpflanzen.

Feige
Ficus carica Maulbeerbaumgewächse *(Moraceae)*

| H bis 10 m | Baum oder großer Strauch |

International:
higo (E), figo (P), fico, fichi (I),
figue (F), fig (GB)

Merkmale Sommergrüner Baum oder großer Strauch mit offener Krone, gewöhnlich auf kurzem, drehwüchsigem Stamm; Blätter wechselständig, 5–8 cm lang gestielt, Spreite 20–30 cm lang und fast ebenso breit, etwas lederig, handförmig in 3–5 ungleich große, nach vorne verbreiterte, rundliche Lappen geteilt, undeutlich gezähnt, oberseits rauhaarig, unterseits blasser und nur auf den Hauptnerven weißlich behaart; Blüten sehr klein, im Inneren eines unauffälligen, krugförmigen, grünlichen Blütenstands mit schmaler Öffnung für die Bestäuber; die erntereif gelblich, rosa oder violett gefärbten Feigen sind die verdickten Fruchtstände.

Herkunft und Verbreitung Die Art stammt aus SW- und Vorderasien, wurde hier schon vor 5000 Jahren kultiviert und ist spätestens seit dem Altertum auch im Mittelmeerraum bekannt. Heute weltweit verbreitet.

Verwendung Man isst die recht süß schmeckenden Feigen frisch, getrocknet, zur Paste verarbeitet oder eingelegt in Branntwein, Madeira und andere Alkoholika. Regional wird im Mittelmeergebiet daraus auch durch Vergären ein alkoholisches Getränk zubereitet. Der häufige weiße Belag auf getrockneten Feigen ist überwiegend auskristallisierter Traubenzucker. Auch frische Feigen sind längere Zeit haltbar.

Wissenswertes Die erntereifen Feigen sind keine aus dem Fruchtknoten hervorgehenden Früchte im üblichen Sinne, sondern die stark verdickten und krugförmig gestalteten Blütenstandsachsen. Nach wissenschaftlichen Kriterien stellen sie Steinfruchtverbände dar – jedes darin enthaltene Körnchen ist genau genommen eine kleine Steinfrucht. Die Wildform der Feige trägt die männlichen und weiblichen Blüten auf der gleichen Pflanze, während sie bei den zahlreichen Kulturformen auf verschiedene Individuen (= zweihäusig) verteilt sind. Einzigartig ist bei den Feigen die komplizierte Bestäubungsbiologie: Man unterscheidet bei den Kultur-Feigen zwischen der Hausfeige, die nur langgrifflige weibliche Blüten trägt, und der Bocks- oder Holzfeige, die sowohl kurzgrifflige weibliche als auch männliche Blüten entwickelt. Nur die Letzteren liefern die erforderlichen Pollen für eine erfolgreiche Bestäubung. Diese Pollen werden ausschließlich von den Weibchen einer kleinen Gallwespen-Art *(Blastophaga psenes)* in die weiblichen Blüten(stände) der Hausfeige übertragen. Die Gallwespen-Larven

entwickeln sich in den Fruchtknoten überwinternder, kurzgriffliger Bocksfeigen-Fruchtverbände. Die schlüpfenden Weibchen werden noch innerhalb ihrer pflanzlichen Brutstätte von den sehr kurzlebigen Männchen begattet. Diese enge Bindung an ein bestimmtes Bestäuberinsekt stand der Verbreitung des aus dem Mittelmeergebiet stammenden und schon in der Bibel hochgelobten Obstes zunächst sehr im Wege. Heute gibt es allerdings besondere Kulturrassen, die völlig ohne Bestäubung und Befruchtung essbare Feigen entwickeln.

Hors d'oeuvre Bordighera
Zutaten (4 Portionen): 8 vollreife, frische, blauschwarze Feigen, 1 kleine Honigmelone, 8 dünne Scheiben Parma-Schinken, 1 Glas Port- oder Muskatwein (z. B. „Muscato di Zucco").
Zubereitung: Feigen schälen, halbieren und kreisförmig auf vier Teller verteilen. Melone halbieren, Kerne entfernen, Fruchtfleisch von der Schale lösen und in 8 Segmente schneiden. Fruchtstücke mit etwas Wein übergießen, jedes Melonenstück mit Schinkenscheibe umwickeln. Kalt servieren.

Feigenkompott
Frische Feigen schälen, stückeln, in Vanillezucker leicht dünsten und dann mit 1–2 EL Maraschino (Fruchtlikör) aromatisieren. Trockene Feigen in Wasser vorweichen, darin kurz aufkochen, dann mit Zitronensaft sowie Weinbrand, Portwein oder Armagnac nach Geschmack aromatisieren. Kalt servieren.

Chinesische Kumquat
Fortunella margarita Rautengewächse *(Rutaceae)*

H bis 4 m   Strauch
International: naranjta (E),
kunquat (P), kumquat (I), kumquat
ovale (F), oval kumquat (GB)

Merkmale Immergrüner, langsam-
wüchsiger Strauch mit kantigen und
meist auch bedornten Zweigen; Blätter wechselständig, etwas lederig,
oberseits dunkelgrün glänzend, elliptisch, bis 7 cm lang und 3 cm breit;
Blüten einzeln oder büschelig in den
Blattachseln, weiß, duften sehr angenehm; Beerenfrucht vom *Citrus* Typ
(vgl. S. 38), etwa pflaumengroß, auffallend dünnschalig.

Herkunft und Verbreitung Die in
China und Japan beheimatete Gattung steht den *Citrus*-Arten ver-
wandtschaftlich sehr nahe. Heute
wird die kleinste essbare *Citrus*-
Frucht in N-Afrika, Israel, Mexiko und
Brasilien angebaut.

Verwendung Die kräftig goldgelben
Früchte, die wie die Miniaturausgabe
einer Orange aussehen, werden mit
der dünnen Schale verzehrt. Ihr angenehm süß-säuerlich und ganz leicht
bitter schmeckendes Fruchtfleisch besteht im Unterschied zu den übrigen
Citrus-Früchten nur aus 4–5 Segmenten mit 2 grünlichen Samen. Man erhält im Handel auch in Dosen konser-
vierte oder kandierte Kumquats. Sie
werden für Obstsalate, als Deko-Material für kalte Platten, für Marmeladen oder mit Gewürzen (Nelken, Zimt)
für Saucen verwendet. Gekühlt gelagert mehrere Wochen haltbar.

Wissenswertes Die Gattung *Fortunella* umfasst 6 Arten, die alle in O-
Asien beheimatet sind. Sehr ähnlich
und von gleichem Nutzwert ist die
Japanische Kumquat *(F. japonica)*, die
meist ebenfalls nur unter dem Handelsnamen Kumquat angeboten wird.

Mangostane

Garcinia mangostana   Klusiengewächse *(Clusiaceae)*

H bis 25 m   Baum

International: mangostan (E), mangostão (P), mangosta (I), mangoustane (F), mangosteen (GB)

Merkmale   Immergrüner Baum mit dichter, symmetrisch verzweigter Krone; Blätter gegenständig, gestielt, spitzoval, mit kräftiger, heller Mittelrippe, ledrig, oberseits glänzend dunkelgrün, unterseits matt gelblich, bis 25 cm lang und 12 cm breit, enthalten einen gelblichen Milchsaft; Blüten zu 1–2 in den Blattachseln, bis 5 cm breit, gelblich bis rötlich, Kronblätter fleischig; Beerenfrucht tomatengroß, rundlich; Fruchtschale derb, ledrig, bis über 1 cm dick, reif dunkelpurpurn, mit 4 dicklichen Kelchblättern; Fruchtfleisch in 5–7 Sektoren eingeteilt, jeder entspricht einem Samen mit dickfleischigem, reinweißem, saftigem Samenmantel, der das essbare Obst liefert, schmeckt angenehm aromatisch mit feiner Ananas-Pfirsich-Trauben-Note.

Herkunft und Verbreitung   Die auch Mangostenbaum genannte Art ist in der Malaysischen Inselwelt beheimatet und wird heute in vielen Tropenländern kultiviert. Haupterzeuger sind Thailand, Philippinen, M-Amerika und Brasilien.

Verwendung   Mangostanen verzehrt man frisch und möglichst gekühlt oder konserviert sie als Marmelade. In SO-Asien werden auch die Samen gekocht oder geröstet verzehrt. Nur wenige Tage lagerfähig.

Wissenswertes   Beim Öffnen der zähen Schale tritt ein intensiv roter Saft aus, der auf Tischwäsche und Kleidung schwer entfernbare Flecken hinterlässt. Die Mangostane gehört in die systematische Nähe der heimischen Johanniskrautgewächse.

Pitahaya, Drachenfrucht

Hylocereus undatus Kakteengewächse *(Cactaceae)*

H bis 5 m Kletterstrauch
International:
pitahaya, pitaya (E, P, I, F),
strawberry pear (GB)

Merkmale Kletternde Kakteenart mit schlanken, im Querschnitt 3-kantig geflügelten Stängeln, an den blattlosen Stängelgliedern mit Luftwurzeln zur Befestigung; Stängelglieder mit Stachelpolstern und diese mit je 2–5 kurzen, schlanken Dornen; Blüten spektakulär, bis über 25 cm breit, cremeweiß, entwickeln sich an kurzen rundlichen Blühsprossen, öffnen sich nur für eine Nacht und duften stark nach Jasmin; Beerenfrucht im Unterschied zum Feigenkaktus dornenlos, etwa apfelgroß; Fruchtschale etwa 1 cm dick, mit wenigen, großen Schuppen, karminrot, orange oder tiefgelb; Fruchtfleisch weiß-rötlich, aromatisch süß-säuerlich mit Kiwi-Mangostane-Birne-Note, mit zahlreichen kleinen, schwarzen Samen.

Herkunft und Verbreitung Die Art ist vom südlichen Mexiko bis zum pazifischen S-Amerika beheimatet, wird aber in vielen Teilen der Tropen als Obst angepflanzt. Die bei uns angebotenen Früchte kommen meist aus Israel.

Verwendung Pitahayas werden wie Kaktusfeigen mit den Samen gegessen, am besten roh, da sich das feine Aroma beim Erhitzen verliert. Sie sind mehrere Tage lagerfähig.

Wissenswertes Pitahaya ist ein Sammelbegriff für essbare Kakteenbeeren, die man wegen ihres bizarren Aussehens auch Drachenfrucht nennt. Ähnlich verwendet man *Hylocereus costaricensis* und *H. polyrhizus*. Aus den Samen kann man problemlos Pitahaya-Kakteen für die Fensterbankkultur anziehen.

Langsat
Lansium domesticum Zedrachgewächse *(Melicaceae)*

H bis 15 m Baum

International:
lanzon (E), lanceira (P), lansi (I),
langsat (F, GB)

Merkmale Immergrüner, kurzstämmiger, aber breitkroniger Baum mit rotbrauner, gefurchter Borke; Blätter wechselständig, bis 50 cm lang, mit kräftiger, vortretender Mittelrippe, unpaarig gefiedert, Fiedern 5–7, verkehrt eiförmig bis elliptisch, spitz, lederig, glänzend dunkelgrün, unterseits oft behaart; Blüten klein, cremeweiß, etwas fleischig, überwiegend zwittrig, einzeln oder in kurzen Trauben direkt am Stamm oder an dickeren Ästen; Beerenfrucht bis 5 cm im Durchmesser, kugelig-oval; Fruchtschale reif bräunlich gelb mit dunkleren Flecken, feinsamtig, dünn, führt Milchsaft; Fruchtfleisch gekammert, jede Kammer mit einem glasigen, weißlichen Samenmantel, der das essbare Obst darstellt, im Geschmack mit Grapefruit-Note. Die Samen sind nicht essbar.

Herkunft und Verbreitung Die Art stammt aus dem westlichen Malaysia. Heute wird sie in mehreren Sorten in SO-Asien (Philippinen, Thailand) sowie in Indien und auf Sri Lanka vielfach angebaut. Auf Hawaii seit 1930 kultiviert.

Verwendung Nach Entfernen der leicht giftigen Schale werden die Samenmäntel als Frischobst verzehrt oder zu verschiedenen Desserts zubereitet. Im Handel sind sie auch kandiert erhältlich. Gekühlt sind sie über eine Woche haltbar.

Wissenswertes Langsat nennt man nur die Früchte, der zugehörige Baum heißt Lansi. Auf Java verbrennt man die getrockneten Schalen, um Moskitos und andere Insekten abzuwehren.

Litchi, Litchipflaume
Litchi chinensis Seifenbaumgewächse *(Sapindaceae)*

H bis 30 m Baum

International:
litchi (E, P, I, F), lychee (GB)

Merkmale Immergrüner, imposanter Baum mit dichter Krone, in Kultur gehalten meist kleiner als in der arttypischen Höhe; Blätter wechselständig, bis 25 cm lang, paarig oder fallweise auch unpaarig gefiedert, Fiedern gestielt, länglich oval, bis 10 cm lang und 4 cm breit, oberseits dunkelgrün glänzend, unterseits weißlich, glattrandig; Blüten zahlreich in großen, hängenden Rispen, gelblich, ohne Kronblätter, 4-zählig, aus den vielen Blüten entwickeln sich je Blütenstand nur wenige Früchte; Nussfrucht mit 2–4 cm ungefähr pflaumengroß, rundlich-oval; Fruchtschale reif wein- bis zuletzt braunrot, spröde und zerbrechlich, klein gefel-

dert, warzig mit kurzen Spitzen; innen mit glänzend braunschwarzem, ungenießbarem Samen, der von einem dicken, fleischigen, milchigweißen Samenmantel eingehüllt wird; dieser Samenmantel liefert das angenehm süß-sauer schmeckende Obst mit feiner Sauerkirsch-Muskat-Note.

Herkunft und Verbreitung Die Litchi stammt aus S-China, wo sie in Auengehölzen an Fließgewässern und im Küstenraum wächst. Im Ursprungsgebiet wird sie schon seit über 2000 Jahren angebaut. Heute sind Litchibäume auch in Taiwan, Thailand, Indien, Madagaskar, Mauritius, S-Afrika sowie in den USA (Hawaii, Florida) in Kultur.

Verwendung Von der Frucht verzehrt man nach dem Aufbrechen der dünnen, brüchigen und leicht vom Innenteil zu trennenden Schale die weißlichen Samenmäntel roh als Frischobst. Man verarbeitet die Früchte aber auch als Konserven oder trocknet sie ein – in dieser Form sind sie als Litchi-Nüsse im Angebot und werden wie Korinthen verwendet. Lange Zeit kannte man Litchis in Europa nur stark gezuckert aus der Konservendose. Erst seit relativ kurzer Zeit sind frische Früchte erhältlich. Aus frischen Litchis kann man Sorbets zubereiten oder sie mit Frischkäse gefüllt als Appetizer servieren. Sie sind gekühlt mehrere Tage haltbar.

Wissenswertes Litchi ist eng mit Longan (S. 53) und Rambutan (S. 78) verwandt und wird im Handel häufig, aber botanisch nicht korrekt Chinesische Haselnuss und noch fantasievoller Liebesfrucht genannt. Beim Reifevorgang weichen die beiden Fruchtblätter des familientypisch 2-blättrigen Fruchtknotens auseinander und bilden daher zwei getrennte Nussfrüchte aus, von denen sich jedoch immer nur eine voll entwickelt. Aus diesem Grund trägt die Pflanze auch den Namen Zwillingsfrucht. Ein einzelner Litchibaum kann im Jahr bis über 100 kg Früchte liefern. Die Erntezeit reicht von November–Februar in S-Afrika und von April–Juni in Indien – die Früchte sind also praktisch ganzjährig zu bekommen.

Unreif geerntete, noch gelbgrüne Litchis sind zwar länger haltbar und besser zu transportieren, besitzen aber nicht das volle Aroma. Dieses entwickelt sich auch nicht während der Lagerung, da die Früchte nicht nachreifen. Vollreife Litchis verlieren nach etwa drei Tagen ihre frische rote Fruchtschalenfarbe, doch wird das Aroma davon nicht beeinträchtigt.

KüchenTipp

Exotisches Früchte-Quartett (Dessert)
Zutaten (für 4–6 Portionen): 200 g Mango, 150 g Kaki, 100 g Litchi, 200 g Ananas, 400 g Crème fraîche (oder Crème double bzw. Sahne), 1 Päckchen Vanillinzucker, Puderzucker, 100 g grob gehackte Walnüsse, 2 EL Grand Marnier oder Cointreau, 1 TL Angostura (Bitterlikör), 1 TL weißer Rum.
Zubereitung: Früchte in Stücke zerteilen, sortenweise auf der Servierplatte anrichten und eventuell leicht mit Puderzucker einstäuben. Crème fraîche mit Vanillinzucker und Angostura sahnig aufschlagen, Grand Marnier (Cointreau) und die Walnüsse unterziehen, in die Mitte der verteilten Früchte geben und zuletzt den weißen Rum aufträufeln.

Fruchtschale „Nacht über Hongkong"
Zutaten (für 4 Portionen): 500 g frische Litchis, 250 frische Himbeeren, Saft einer Limette, 3 EL Zucker, 4 EL schottischer Whisky, 1 Glas Champagner.
Zubereitung: Früchte halbieren und Himbeeren auf die Litchis legen, mit Limettensaft beträufeln und Whisky darüber gießen, auf Glasschalen verteilen, mindestens 1 h kalt stellen. Unmittelbar vor dem Servieren mit Champagner übergießen.

Acerola, Antillenkirsche

Malpighia glabra Malpighiengewächse *(Malpighiaceae)*

H bis 5 m Baum oder Strauch

International:
acerola (E, P, I), acerole (F),
Barbados cherry (GB)

Merkmale Immergrüner, kleiner Baum oder Strauch mit abstehenden Ästen und behaarten Zweigen; Blätter gegenständig, kurz gestielt bis sitzend, eiförmig, lederig, glattrandig oder undeutlich gekerbt, anfangs silbrig behaart, später kahl und matt dunkelgrün, bis 7 cm lang und 4 cm breit; Blüten einzeln oder in kurzen Trauben in den Blattachseln, 5-zählig, Kronblätter gestielt, weiß, rosa oder rot; Steinfrucht kirschartig, etwa 1 cm groß, etwas länglich mit feiner Spitze, angedeutet 3-lappig; Fruchtschale rot, dickhäutig; Fruchtfleisch saftig, orangerot, schmeckt recht sauer.

Herkunft und Verbreitung Der Ursprung der Art liegt in M-Amerika und auf den Antillen. Sie wird heute auch in SO-Asien, in den USA (Hawaii) und in S-Amerika vor allem wegen ihres beachtlichen Vitaminreichtums kultiviert.

Verwendung Die Beeren werden roh wegen ihres sauren Geschmacks kaum verzehrt. Man erntet sie überwiegend zur Saftgewinnung, mit dem man Fruchtsaftmischungen aromatisiert und vitaminisiert. Allenfalls verarbeitet man sie zu Marmeladen und Gelees. Die reifen Früchte sind nur einige Tage haltbar.

Wissenswertes Die Art wird manchmal auch Antillenkirsche oder Azerola genannt. Die Früchte enthalten auf Gewichtsbasis bis 200 Mal so viel Vitamin C wie ein Apfel (4000 mg/100 g essbarer Anteil). Sehr ähnlich ist die ebenfalls als Acerola bezeichnete *Malpighia punicifolia* aus M-Amerika.

Stinkende Mango
Mangifera foetida Sumachgewächse *(Anacardiaceae)*

H bis 35 m Baum

International:
horse mango (GB)

Merkmale Immergrüner, stattlicher Baum; Blätter wechselständig, elliptisch bis lanzettlich, steif, glattrandig, mit prominenter Mittelrippe, glänzend, bis 25 cm lang und 10 cm breit; Blüten rot gestielt, rosa-gelblich, in langen Rispen; Steinfrucht bis 15 cm lang und 10 cm breit; Fruchtschale reif gelblich grün, führt einen Haut reizenden Milchsaft, oft mit bräunlichen Streifen und Punkten; Fruchtfleisch hellgelb, weich, schmeckt angenehm fruchtig-süß, aber mit harzigem, an Terpentin erinnerndem Beigeschmack.

Herkunft und Verbreitung In den Tieflandregenwäldern von Malaysia sowie Indonesien beheimatet, heute in vielen Gebieten SO-Asiens kultiviert.

Verwendung Die reifen, sorgfältig geschälten Früchte verzehrt man meist gekocht oder eingelegt bzw. nach längerem Einlegen in Zitronensaft auch roh. Regional werden sie auch kandiert. Die Früchte sind nur wenige Tage haltbar.

Wissenswertes Mit dem Haut reizenden Milchsaft der unreifen Früchte werden gelegentlich Tätowierungen reliefartig verstärkt. Wegen des etwas unangenehmen Geruchs wird die Frucht nicht exportiert, ist aber in SO-Asien eine beliebte Marktfrucht. In SO-Asien werden außer der ungleich berühmteren Mango (S. 70) weitere ähnliche Arten der Gattung als Obstbäume genutzt, darunter die Binjai *(Mangifera caesia)* auf Borneo und Sumatra sowie die Duft-Mango bzw. Kwini *(M. odorata)* auf Java.

Mango
Mangifera indica Sumachgewächse *(Anacardiaceae)*

H bis 30 m   Baum

International:
mango (E), manga (P), mango (I),
mangue (F), mango (GB)

Merkmale   Immergrüner, imposanter Baum, in Kultur meist kleiner gehalten; Blätter wechselständig, lanzettlich, bis 30 cm lang und 4 cm breit, lederig, glattrandig oder undeutlich gekerbt, glänzend dunkelgrün; Blüten klein, männlich oder zwittrig auf der gleichen Pflanze, dicht gedrängt in großen, endständigen Rispen, gelblich; Steinfrucht sortenabhängig bis 20 cm lang, rundlich bis ungleich länglich-eiförmig und leicht gebogen; Fruchtschale wachsartig glatt, reif grünlich, leuchtend gelb oder partienweise rot, glatt; Fruchtfleisch dick, blassgelb bis tief gelb-orange, bei der Vollreife weich und sehr saftig, von leichtem Terpentingeruch, aber angenehm aromatischem Geschmack mit Pfirsichnote; Steinkern mit dem inneren Fruchtfleisch faserig verwachsen und nur schwer herauszulösen.

Herkunft und Verbreitung   Der Indische Mangobaum ist in S-Asien ursprünglich nur von Indien bis Burma beheimatet und wird hier schon seit mehreren Jahrtausenden kultiviert. Heute ist die Art in vielen Sorten überall in den Tropen in Kultur, dazu auch in Israel, Kalifornien und Florida. Mango ist nach der Banane das wichtigste rein tropische Obst. In vielen tropischen Hausgärten wird er auch als Schattenspender gepflanzt.

Verwendung   Mangos verwendet man grundsätzlich nur geschält. Das vitaminhaltige Fruchtfleisch verzehrt man roh als Frischobst und in Fruchtsalaten oder verarbeitet es zu Marmeladen. In SO-Asien ist die Zubereitung scharf gewürzter Chutneys und

Pickles auf Mangobasis sehr verbreitet. Scheiben vollreifer Mango empfehlen sich besonders als Beilage zu Geflügelgerichten und Currys. Mango ist auch Bestandteil von Multivitamin-Fruchtmischsäften.
Auch die übrigen Teile sind nutzbar. Die Blüten liefern einen sehr aromatischen Honig, das helle Holz wird zur Möbelfertigung verwendet.

Wissenswertes Die Fruchtschale enthält schleimhautreizende Giftstoffe und darf daher nicht verzehrt werden. Auch der Samenkern ist ungenießbar. In Europa sind meist nur solche Sorten auf dem Markt, deren leichter Terpentingeruch sich sehr in Grenzen hält. Empfindliche Personen können auf das Fruchtfleisch allergisch reagieren. Die für den Export meist unreif geernteten Früchte duften stärker nach Terpentin; der Geruch verliert sich aber weitgehend bei nachreifender Lagerung.
Die reife Mango schmeckt außerordentlich köstlich, aber unreif ist der Geschmack eine buchstäblich herbe Enttäuschung. An der sortenabhängig unterschiedlichen Färbung lässt sich der Reifegrad schlecht bestimmen, eher am zarten Duft und daran, dass die Fruchtschale unter vorsichtigem Druck leicht nachgibt.

KüchenTipp

Mango-Chutney
Zutaten: 6 vollreife Mangos, 250 g brauner Zucker, 250 mL Weißweinessig, 1 Zwiebel, 1 Gewürz-Paprika (Peperoni), 1 Knoblauchzehe, 1 Limette, etwas Zimt, gemahlene Gewürznelke, Kräutersalz und Cayenne-Pfeffer.
Zubereitung: Alle Früchte schälen, Samen entfernen und in kleine Stücke schneiden. Zwiebel und Knoblauchzehe schälen und fein hacken. Alle Zutaten mischen und unter Rühren etwa 30 min köcheln lassen. Heiß in saubere Gläser abfüllen und sofort verschließen.

AnzuchtTipp

Mangobäumchen bekommt man im mitteleuropäischen Klima zwar kaum zum Fruchten, aber sie sehen recht dekorativ aus. Den zuvor gereinigten Samen legt man für 1–2 Wochen in täglich zu wechselndes, zimmerwarmes Wasser. Danach setzt man ihn in Anzuchterde in einen hohen Topf und deckt anfangs mit einer Plastiktüte zur Erhöhung der Luftfeuchtigkeit ab. Die Keimung erfolgt nach etwa 4–10 Wochen. Da die Samen zur Polyembryonie neigen, können aus einem Kern auch mehrere Sämlinge wachsen.

Breiapfel, Chiku

Manilkara zapota Breiapfelgewächse *(Sapotaceae)*

H bis 30 m   Baum

International:
zapotillo (E), sapoti (P), sapodilla (I),
sapotille (F), sapodilla (GB)

Merkmale Immergrüner Baum mit breiter, dicht verzweigter Krone auf kräftigem Stamm mit plattig-rissiger Borke; Blätter wechselständig, gestielt, oval bis breit-lanzettlich, lederig, dunkelgrün glänzend, meist gedrängt an den Zweigenden; Blüten cremeweiß, 5-zählig, glockig, einzeln in den Blattachseln; Beerenfrucht apfelgroß, länglich-kugelig, bis 5 cm im Durchmesser; Fruchtschale reif zimtbraun, matt, rau; Fruchtfleisch glasig gelbbraun, weich bis breiig, durch Steinzellnester wie bei der Kultur-Birne etwas körnig, saftig, schmecken sehr süß und erinnern im Aroma an Birnen bzw. Aprikosen. Die schwarzen, weißlich umrandeten und schwach giftigen Samen sind ungenießbar. Rinde, Blätter und unreife Früchte führen einen weißen Milchsaft.

Herkunft und Verbreitung Der Breiapfelbaum ist als Wildpflanze von S-Mexiko bis zum nördlichen S-Amerika sowie auf den Antillen beheimatet. Heute wird die Art fast überall in den Tropen recht häufig in Kultursorten angepflanzt. Sein Name Chicu oder Chiku kommt aus der Sprache der Azteken.

Verwendung Für den europäischen Markt werden die Früchte unreif geerntet und reifen nach kurzer Lagerung rasch nach. Die vollreif weichen und dann nur noch wenige Tage haltbaren Früchte, die man regional auch Sapotillaäpfel nennt, isst man roh als Frischobst, indem man sie wie Kiwis auslöffelt. Man kann die Früchte auch vorsichtig schälen und mit dem Pürierstab zu Fruchtmus für Desserts oder Mixgetränke verarbeiten. In den Ursprungsländern kandiert man die Früchte scheibchenweise oder stellt mit Ingwer und Limonensaft daraus einen Sirup her. Das Holz ist als Baustoff bemerkenswert beständig, wie die beispielsweise schon seit Jahrhunderten verlassenen Maya-Siedlungen auf der mexikanischen Halbinsel Yucatan zeigen.

Wissenswertes Der in der Rinde und allen grünen Teilen enthaltene Milchsaft erhärtet nach dem Ausfließen an der Luft zu einer rotbraunen, gummiartigen Masse – dem Chicle oder Chiclegummi. Dieses Material ist der Rohstoff für Kaugummi, weswegen man den Breiapfelbaum auch Kaugummibaum ("chewing gum tree") nennt. Die Verwendung als Kaugummi ist keine Erfindung der US-Amerikaner, sondern wurde schon wesentlich früher von den Azteken praktiziert. Durch Einschneiden eines Fischgrätmusters in die Rinde sammelt man den stundenlang auslaufenden Milchsaft (je Baum bis zu 7 l). Das erhärtende Material besteht zu etwa 50 % aus Harzen, zu 20 % aus kautschukartigen Verbindungen und

zu 17 % aus Kohlenhydraten. Nach dem Kochen und Reinigen wird die wieder erweichte Masse mit weiteren Balsamen, Zucker oder Zuckerersatzstoffen sowie Gewürzen (Ingwer, Myrrhe, Kardamom u. a.) versetzt und zu dünnen Platten ausgewalzt, die dann weiter konfektioniert werden. Außer vom Kaugummibaum verwendet die Süßwarenindustrie angesichts des beachtlichen Bedarfs auch den Milchsaft des nahe verwandten Guttaperchabaums *(Madhuca longifolia)* aus SO-Asien oder des Papayabaumes (vgl. S. 26).

(vgl. S. 26)

AnzuchtTipp

Den Breiapfel kann man leicht aus den Samen vermehren. Die etwa 2 cm langen Samen aus reifen Früchten weicht man etwa 24 h lang in lauwarmem Wasser ein, steckt sie dann etwa 1 cm tief in lockere Anzuchterde und stellt den Topf hell und warm auf. Optimal sind Temperaturen um 25 °C. Eine darüber gestülpte Plastiktüte sorgt als Minigewächshaus für die richtige Luftfeuchtigkeit. Die Keimung erfolgt meist innerhalb von 4–6 Wochen. Sobald die Sämlinge mehr als fingerlang sind, werden sie vereinzelt. Sie brauchen jetzt ein mäßig saures und sehr gut wasserdurchlässiges Kultursubstrat, da sie Staunässe nicht vertragen.

Schwarze Maulbeere

Morus nigra Maulbeergewächse *(Moraceae)*

H bis 18 m   Baum

International: mora negra (E), amora negra (P), gelso nero (I), mûre noire (F), mulberry (GB)

Merkmale Sommergrüner Baum mit breiter, schattiger Krone auf niedrigem, oft sehr dickem und drehwüchsigem Stamm; Rinde dunkelbraun, anfangs glatt, später faserig gefurcht und knotig verdickt; Blätter wechselständig, bis 2,5 cm lang gestielt, bis 20 cm lang und fast ebenso breit, im Umriss breit herzförmig, vorne mit kurzer, schlanker Spitze, am Rande grob gezähnt und an der Basis unregelmäßig (mitunter auch nur einseitig) gelappt, oberseits rauhaarig, unterseits flaumig oder kahl; Blüten unauffällig, zahlreich in kurzen, gedrungenen Ähren in den Blattachseln, männliche Blütenstände länger gestielt als weibliche; die Sammelnussfrucht (Maulbeeren) erinnert im Aussehen an eine längliche Brombeere, bis 2,5 cm lang, purpurn bis schwarzviolett.

Herkunft und Verbreitung Schon im Altertum wurde der vermutlich aus W-Asien stammende Schwarze Maulbeerbaum im Mittelmeergebiet und Vorderen Orient als Fruchtlieferant kultiviert. Daher ist das ursprüngliche Verbreitungsgebiet heute nicht mehr festzustellen. Seit dem 16. Jahrhundert pflanzt man ihn auch zunehmend in Mitteleuropa an, vor allem in Kloster- und Pastoratsgärten. Mehrere Sorten und regionale Selektionen sind bekannt. Bis heute ist er in den Weinbauregionen relativ häufig zu sehen, beispielsweise im Oberrheingebiet oder in den südlichen Landesteilen von Österreich. Er bevorzugt kalkhaltige, lockere, steinige Böden an besonnten Hängen.

Verwendung Die brombeerartig aussehenden Maulbeeren schmecken anfangs fade-säuerlich und sind erst im Zustand der Vollreife genießbar. In ihrem Hauptverbreitungsgebiet verarbeitet man sie zu Marinaden, Gelees, Säften, Obstwein oder anderen Zubereitungen. Auf den mitteleuropäischen Obstmärkten sieht man sie eher selten, da sie kaum transportfähig und leicht verderblich sind. Ihr dunkelroter Saft diente früher zum Nachfärben blasser Rotweine und ist heute Bestandteil von Multivitamin-Saftmischungen. Das feste dunkle Holz verwendete man gerne in der Kunsttischlerei gelegentlich zu Einlegearbeiten (Intarsien), das stark gemaserte Wurzelholz für verschiedene Drechselarbeiten (Pfeifen und Schachfiguren).

Wissenswertes Die schwarzroten, sehr saftreichen und süßen Früchte des Schwarzen Maulbeerbaums sind Scheinfrüchte, die ausnahmsweise nicht aus dem Fruchtknoten, sondern aus der fleischig gewordenen Blütenhülle hervorgehen. Im Prinzip ist die einzelne Maulbeere damit also ein Fruchtstand (Nussfruchtverband) mit 1-samigen Nüssen, die jeweils von einer saftigen Hülle umgeben sind. Der nahe verwandte Weiße Maulbeerbaum (*Morus alba*) ist ebenfalls ein sommergrüner Baum bis 15 m Höhe mit gewölbter, offener Krone

Blätter und Früchte des Weißen Maulbeerbaums

auf kurzem, gedrungenem Stamm. Seine Früchte sind weiß bis hellrosa, allerdings weniger schmackhaft als beim Schwarzen Maulbeerbaum und werden deswegen als Frischobst kaum verwendet. Die Art stammt aus China und wurde mit der Zucht von Seidenspinnerraupen, die sich ausschließlich von seinen Blättern ernähren, erfolgreich nach Mitteleuropa eingeführt.

Im östlichen N-Amerika ist der Rote Maulbeerbaum (*M. rubra*) verbreitet, der leuchtend rote und in der Vollreife angenehm aromatische Früchte trägt. Ebenfalls als Obst genutzt.

KüchenTipp

Die generell sehr verderblichen Maulbeeren schmecken vollreif sehr angenehm, werden aber durch Kochen noch aromatischer. Als Kompott und leicht nachgesüßt mit etwas Schlagsahne sowie mit einem Spritzer Maraschino ergeben sie ein hinreißendes Dessert.

Banane, Obst-Banane

Musa acuminata Bananengewächse *(Musaceae)*

H bis 6 m Staude

International:
banano, plátano (E), banana (P, I),
banane (F), banana (GB)

Merkmale Mehrjährige Staude mit unverzweigtem (Schein-)Stamm, der – vor allem im unteren Teil – nur aus den festen, im Querschnitt fast einen Dreiviertelkreis bildenden Scheiden der rosettig gestellten Grundblätter besteht; Blätter lang gestielt, bis 4 m lang und 1 m breit, mit 1 kräftigen Hauptrippe und zahlreichen, fast senkrecht abzweigenden Seitennerven, an denen sie meist fiederig zerreißen; Blütenstand 50–150 cm lang, am Ende der Sprossachse, nach unten gebogen, mit etwa 15 Wirteln aus je 10–20 weiblichen Blüten in der Achsel breiter, meist rot- oder violettbraune Tragblätter, männliche Blüten am Ende des Blütenstandes; Beerenfrucht rundlich 3-kantig bis undeutlich 5-seitig, sortenabhängig gelb, bräunlich, rosa oder rot und bis über 20 cm lang, im Bereich des Stielansatzes immer leicht gekrümmt. Nach der Fruchtbildung stirbt die Staude ab. Den Fortbestand einer Plantage sichern die Schösslinge, die sich seitlich an der Mutterpflanze entwickeln.

Herkunft und Verbreitung Die Heimat der Banane ist SO-Asien. Schon im 6. Jahrhundert brachten die Araber sie in den Mittelmeerraum – der Fruchtname Banane leitet sich vom arabischen *banan* = Finger ab. Im frühen 16. Jahrhundert kam sie mit den iberischen Erobern in die Neue Welt. Heute werden Bananen weltweit im Tropengürtel sortenreich angebaut und gehören zu den weltwirtschaftlich wichtigsten Nutzpflanzen. Nach Europa werden sie aus Übersee seit 1885 importiert, nach Deutschland kamen die ersten Bananen im Jahre 1892. Mit Reis, Weizen und Milch gehören Bananen zu den bedeutendsten landwirtschaftlichen Handelsgütern weltweit.

Verwendung Die meist grün geernteten Früchte werden während des Transportes in Spezialschiffen durch Begasung mit dem Pflanzenhormon Ethylen künstlich nachgereift. Nach Europa werden fast nur Obstbananen exportiert, die nur etwa 20 % der Produktion ausmachen. Bei diesen Bananen verzuckert sich die Stärke im mehligen Fruchtfleisch bei der Gelbreife, bei der Koch- oder Mehl-Banane (vgl. S. 153) jedoch nicht. Obstbananen werden überwiegend als Frischobst verzehrt oder in verschiedenen Süßspeisen verwendet.

Wissenswertes Ein geradezu klassisches Problem betrifft die Frage, warum Bananen krumm sind. Der beeindruckende Blütenstand der Bananenpflanze, der nach Größe und Gewicht zweifellos zu den Rekordleistungen des Pflanzenreiches zählt, hängt bei Wildformen und Kulturbananen im Bogen aus dem Trichter der großen Blätter heraus. Etwas vereinfacht ist er als eine ins Riesenhafte gesteigerte Ähre mit abwärts gekrümmter Achse aufzufassen. Daran stehen – vergleichbar den Ährenspelzen bei den Gräsern – in dichter, schraubiger Folge die handflächengroßen Tragblätter. In ihren Achseln entwickeln sich – von außen zunächst nicht sichtbar – die Blüten. Die geschlossenen Tragblätter zwingen die seitlich ansitzenden Blüten in eine achsenparallele Position und damit abwärts. Erst mit beginnender Reife biegen sie wieder nach oben um, weil alle oberirdischen Pflanzenteile üblicherweise nach oben wachsen. Zur Nachreifung zu Hause wickelt man die Bananen zusammen mit Äpfeln in Papier ein – auch Äpfel verströmen das Reifungshormon Ethylen.

Alle Kulturbananen sind Kreuzungen der beiden diploiden Wildarten *Musa acuminata* (Erbbild AA) und *M. balbisiana* (Erbbild BB). Die bei uns käuflichen Obstbananen sind meist triploid und besitzen das Erbbild AAA (vgl. S. 153). Überwiegend gehören sie zur Sorte 'Cavendish', die wegen ihrer Schädlingsresistenz bevorzugt wird. Chiquita ist keine Bananensorte, sondern der Markenname des größten Bananenproduktionskartells.

Rambutan
Nephelium lappaceum Seifenbaumgewächse *(Sapindaceae)*

H bis 20 m | Baum

International: rambután (E),
rambota (P), nefelio (I),
ramboutan (F), rass butan (GB)

Merkmale Immergrüner Baum mit breiter, rundlicher, dicht belaubter Krone, in Kultur meist kleiner als die arttypische Wuchshöhe; Blätter wechselständig, paarig gefiedert, Fiedern in 2–8 Paaren, elliptisch mit stumpfer Spitze, stehen sich meist nicht exakt gegenüber, oberseits dunkelgrün glänzend, unterseits leicht behaart; Blüten klein, gelblich, zahlreich in endständigen, aufrechten Rispen; Nussfrucht etwa kastaniengroß, zur Reife rötlich, leuchtend rot oder braun (s. Foto rechts); Fruchtschale dünn, platzt in der Vollreife eventuell von selbst auf, fein gefeldert, dicht mit langen, weichen, an der Spitze umgebogenen Stacheln besetzt, daher auch Behaarte Litchi genannt; im Inneren der Frucht einzelner, bräunlicher Same, der relativ fest mit dem dicken, glasig weißlichen bis rötlichen Samenmantel verbunden ist, dieser stellt das essbare Obst dar, im Geschmack aromatisch säuerlich mit feiner Weinbeeren-Note. Der bis 2 cm lange, mandelähnliche Same ist nicht essbar und roh leicht giftig.

Herkunft und Verbreitung Beheimatet ursprünglich nur in der malaysischen Inselwelt und in S-Vietnam. Er ist heute jedoch fast überall in SO Asien in Kultur und wird in Indien, Sri Lanka und den Philippinen auch als Straßenbaum oder in Hausgärten gepflanzt. Weitere Anbauländer sind N-Australien, O-Afrika sowie M- und S-Amerika.

Verwendung Rambutan verzehrt man am besten frisch und gut gekühlt, nachdem man die weichstachelige Fruchtschale vorsichtig mit einem Messer durch Schlitzen aufgeschnitten und die Samenmäntel herausgedrückt hat. Köstlich schmecken Rambutan-Früchte beispielsweise fein gestückelt zusammen mit Mokkaeis oder mit Eierlikör. Die vom Samen abgeschälten Samenmäntel, die reich an Vitamin C sind, werden auch für Desserts oder Süßspeisen verwendet, seltener auch für Obstkonserven. Die Anbauländer exportieren zunehmend auch Rambutan-Obstsaft. Rambutans kann man auch halbiert in Mixgetränke geben, beispielsweise in Sekt mit Obstsaft. Auf den Philippinen verzehrt man auch die gerösteten Samen. Regional gewinnt man aus den Samen durch Abpressen ein fettes Öl, das zu Seifen und Kerzen verarbeitet wird. In der chinesischen Medizin spielen getrocknete Samenmäntel eine gewisse Rolle. Aus der Fruchtschale gewinnt man einen Farbstoff für Seidentücher. Rambutan wird am besten gekühlt und feucht gelagert, sonst verliert sie viel Gewicht.

Wissenswertes Der Rambutan gehört in die gleiche Familie wie die ähnlich aussehenden und vergleichbar verwendeten Litchis und die Longanen. Ihren fremdartig klingenden Namen, der sich vom malaysischen Wort *rambut* = Haare ableitet, verdankt die Frucht den wirr abstehenden, haarartigen Auswüchsen der Fruchtschale. In Malaysia und auf den, Philippinen kommen weitere als Fruchtbaum nutzbare Arten der gleichen Gattung vor, darunter der Pulsan *(Nephelium mutabile)*, dessen Früchte anstelle der langen Stachel nur kurze Stachel trägt. Die Früchte dieser Art werden in Europa nur selten angeboten. Der Obstfachhandel bezeichnet sie als nichtklimakterisch, weil sie nach Ernte nicht nachreifen. Im Gegensatz dazu sind beispielsweise die nachreifenden Bananen klimakterische Früchte.

Rambutan-Kompott
Zutaten (für 4 Portionen): 250 g Rambutan, 250 g frische Erdbeeren (oder Blaubeeren), 6 EL Zucker, 1 Glas Portwein (rot), etwas Zimt, fein gehackte Minze. Zubereitung: Früchte putzen, Rambutans von den Samen trennen, mit Zucker und einer Prise Zimt bestreuen, Portwein darüber gießen und über Nacht ziehen lassen. In einer Kasserolle kurz zum Kochen bringen, abkühlen lassen und kalt stellen. Kurz vor dem Servieren mit frischen Beeren und gehackter Minze garnieren und dazu frische Schlagsahne reichen.

Kaktusfeige

Opuntia ficus-indica   Kakteengewächse *(Cactaceae)*

H bis 5 m   Strauch

International: higo chumbros, tuna (E), figo da India (P), fico d'India (I), oponce (F), indian fig, prickly pear (GB)

Merkmale   Der Echte Feigenkaktus ist eine immergrüne, strauchig und wirr verzweigte Pflanze mit abgeflachten, ovalen oder elliptischen, etwa 20–50 × 10–20 cm großen Stängelgliedern; alte Sprossteile verholzen am unteren Ende und tragen dann eine rissige, hellgraue Rinde; Blätter fehlen oder sind nur kurzzeitig in Gestalt kleiner, schuppenförmiger, nur etwa 3 mm langer Gebilde vorhanden; in deren Achseln stehen Polster gelber, mit Widerhaken besetzter Borsten und mitunter 1–2 kräftige, aber höchstens 1 cm lange Dornen; Blüten in Serien end- oder randständig an den Stängelgliedern, 6–10 cm breit, gelb oder orangerot, mit zahlreichen Kron- und Staubblättern; Beerenfrüchte (Kaktusfeige) etwa hühnereigroß, mit eingesenktem Nabel, gelb oder rot, oft kräftig bedornt und mit Borstenpolstern besetzt; Fruchtfleisch saftig, gelb bis weinrot, mit zahlreichen schwarzen Samen.

Herkunft und Verbreitung   Die Heimat des Feigenkaktus ist Mexiko. Bereits um 1610 wurde er aus seiner Heimat in das Mittelmeergebiet eingeführt und ist hier an vielen Stellen verwildert. Auch in S-Afrika und Australien ist die Art verbreitet und entwickelte sich hier stellenweise zur Plage. In seiner alten und neuen Heimat pflanzt man den Feigenkaktus und nahe verwandte Arten als lebende Hecke und als Obstlieferant an. Weitgehend dornfreie Kaktusfeigen aus dem Mittelmeergebiet finden sich vor allem im Spätsommer im Fruchtangebot.

Verwendung Die druckempfindlichen, reifen Beerenfrüchte werden roh oder gekocht als Obst verzehrt, nachdem die Dornen und Borstenpolster mit der Fruchtschale entfernt wurden. Sie sind einige Tage lagerfähig. Vorsicht: Die Borstenhaare sind sehr spröde, dringen in die Haut ein, brechen ab und rufen neben Juckreiz unangenehme Entzündungen hervor. Am besten bearbeitet man die Früchte daher mit Handschuhen oder spießt sie auf eine Gabel, schneidet sie mit dem Messer der Länge nach auf und löffelt das weiche Fruchtfleisch aus. Kaktusfeigen sind im Übrigen als Obstkonserve im Angebot. In Mexiko verzehrt man auch die gegarten Stängelglieder als Gemüse. Nopalitos nennt man hier die in feurig-scharfe Sauce eingelegten Scheiben von Feigenkaktus-Stängelstücken – sie werden fast an jeder Straßenecke angeboten.

Vorsicht: Wegen der Borstenpolster die gelben Kaktusfeigen nur mit Handschuhen ernten!

Wissenswertes Das Fruchtfleisch der Kaktusfeige enthält in seinen Zellen feine, nadelige Oxalatkristalle. Bei empfindlichen Personen kann sich daher nach dem Verzehr vorübergehend ein leichtes Brennen auf der Zunge und den Mundschleimhäuten entwickeln. Außer dem Feigenkaktus sind einige weitere und recht ähnlich aussehende Opuntien aus ihrer mittelamerikanischen Heimat in das Mittelmeer eingeführt worden und unterdessen verwildert. Die gelben bzw. roten Blüten- und Fruchtfarbstoffe des Feigenkaktus sowie aller übrigen Kakteenarten unterscheiden sich chemisch grundsätzlich von denjenigen der meisten anderen Pflanzenarten (beispielsweise Rosen, Äpfel, Weinbeeren), denn sie gehören einer eigenen Stoffklasse an. Nach ihrer Entdeckung in der Roten Bete nennt man sie Betalaine.

KüchenTipp

Kaktusfeigen-Creme mit Vanilleeis

Zutaten (für 4 Portionen): 8 hochreife Kaktusfeigen, ½ reife Honigmelone, 3 EL Zuckersirup oder Honig, 8 EL Tequila (Agavenschnaps), Vanilleeis. Zubereitung: Fruchtfleisch mit einem Löffel aus den aufgeschnittenen Kaktusfeigen lösen und durch ein feines Sieb passieren. Melonenhälfte von der Schale lösen und klein zerstückeln. Zusammen mit dem passierten Kaktusfeigenmus in einen Mixer geben, Tequila zugießen und etwa 30 sec. lang mixen. Gut kühlen, Eiskugeln damit übergießen und eventuell mit Granatapfelkernen garnieren.

Passionsfrucht, Purpurgranadilla, Maracuja

Passiflora edulis Passionsblumengewächse *(Passifloraceae)*

H bis 12 m Kletterstrauch

International: granadilla (E), maracuyá (P), grenadilla (I), grenadille (F), passionfruit (GB)

Merkmale Immergrüne, mehrjährige Kletterpflanze mit dünnen, verzweigten, nur am Grunde verholzten Stängeln, befestigen sich an ihren Stützen mit spiralig gedrehten, unverzweigten, blattachselständigen Ranken; Blätter wechselständig, lang gestielt, Blattstiele oberseits gefurcht, Spreite am Stielansatz mit 2 Drüsen, tief 3-lappig geteilt und entfernt gezähnt, oberseits glänzend dunkelgrün, kahl, bis 20 cm lang; Blüten einzeln lang gestielt in den Blattachseln, bis 7 cm breit, äußerst dekorativ, mit kompliziertem Aufbau aus Kelch- und Kronblättern sowie zipfeliger, strahliger Nebenkrone, 5 großen gelblichen Staubblättern und einem Griffel mit 3-teiliger Narbe; Beerenfrucht etwa hühnereigroß und kugelig; Fruchtschale sortenabhängig gelb oder purpurviolett bis schwärzlich, glatt, matt glänzend, trocknet bei der Vollreife ein (Lederbeere); innen eine große Fruchthöhle mit orange-grünlichem Fruchtmark aus zahlreichen (etwa 200) Samen, diese mit glasigem, verschleimendem Samenmantel von erfrischend aromatischem, saurem bis süßlichem Geschmack mit Erdbeer-Pfirsich-Wein-Note.

Herkunft und Verbreitung Die Passionsfrucht ist im östlichen S-Amerika (Paraguay, N-Argentinien, S-Brasilien) beheimatet. Sie wird heute sortenreich in Hawaii, Sri Lanka, S-Afrika sowie im Mittelmeergebiet angebaut. Die Früchte werden ganzjährig auch auf unseren Obstmärkten angeboten und reifen beim Lagern nach.

Verwendung Die Fruchtfüllung wird frisch und roh als Obst verzehrt, wobei man die mit einem scharfen Messer getrennten Fruchthälften auslöffelt und die ledrige Schale verwirft. Ein großer Teil der Ernte wird zu Saft verarbeitet, der häufig auch Bestandteil in Fruchtmixgetränken (Multivitaminsaft) ist. Außerdem verwendet man die saftigen, aromatischen Samenmäntel in Jogurt, Speiseeis oder Cocktails. In den Ursprungsländern bereitet man daraus Gelee oder Marmelade. Die Früchte sind über eine Woche haltbar.

Die zahlreichen Samen der reifen Früchte werden meist mitgegessen.

Wissenswertes Die Bezeichnung Maracuja bezieht sich genau genommen nur auf den Saft, der von den fleischigen Samenmänteln abgepresst wird. Der Fruchtaufbau der Passionsfrüchte erinnert an den Granatapfel (Grenadine), von dem sich ihr internationaler Name grenadilla = kleiner Granatapfel ableitet. Während beim Granatapfel (vgl. S. 94) die Samenschale das verzehrbare Obst liefert, sind es bei den Passionsfrüchten die Samenmäntel.

Die überwiegend in den Tropen M- und S-Amerikas beheimatete Gattung *Passiflora* umfasst etwa 400 verschiedene Arten, von denen die meisten außerordentlich auffällige und schöne Blüten (= Passionsblumen) hervorbringen.

Süße Granadilla, Süße Grenadille
Passiflora ligularis Passionsblumengewächse *(Passifloraceae)*

H bis 10 m   Kletterstrauch

International: granadita dulce (E), granada (P), granadilla dolce (I), grenadille douce (F), sweet grenadilla (GB)

Merkmale Immergrüne Kletterpflanze mit windenden Stängeln, befestigt sich mit spiraligen, unverzweigten, blattachselständigen Ranken; Blätter wechselständig, lang gestielt, tief 3-lappig, glattrandig, glänzend grün, am Blattstiel mit gestielten Drüsenpaaren; Blüten oft zu 2 auf langen Stielen, spektakulär, bis 10 cm breit, Kelchblätter weißlich, Kronblätter rötlich, Zipfel der Nebenkrone hellviolett; Beerenfrucht etwas größer als bei Maracuja, bis 10 cm im Durchmesser, oval, in den Fruchtstiel verschmälert; Fruchtwand bis 1 cm dick, leicht spröde, außen gelb bis orange und (hochreif) leicht braunfleckig, innen cremeweiß; in der Fruchthöhle zahlreiche Samen in grünlich grauen Samenmänteln, schmecken kaum säuerlich aromatisch süß und erinnern entfernt an Stachelbeeren.

Herkunft und Verbreitung Die Art stammt, wie die meisten Vertreter der Familie, aus dem tropischen S-Amerika. Anbaugebiete befinden sich heute in S-Afrika, in der Karibik, auf Hawaii, Madeira und im Mittelmeerraum.

Verwendung Ähnlich wie bei der Maracuja werden die geöffneten Früchte als Dessertobst ausgelöffelt oder für verschiedene Süßspeisen verwendet. Für die Saftherstellung sind sie weniger von Bedeutung.

Wissenswertes Wegen der festeren Schale sind die Früchte weniger druckempfindlich, daher besser zu transportieren und zu lagern, aber unbehandelt nur sehr kurz haltbar. Bei uns fast ganzjährig im Angebot.

Riesen-Granadilla, Königs-Granadilla

Passiflora quadrangularis Passionsblumengewächse *(Passifloraceae)*

H bis 7 m Kletterstrauch

International: granadilla real (E), granada real (P), granadilla grande (I), barbadine (F), giant granadilla (GB)

Merkmale Immergrüne, ziemlich raschwüchsige Kletterpflanze mit kantigen Stängeln; Blätter wechselständig, gestielt, oval, mit knopfigen Drüsen am Spreitenübergang, Blüten einzeln, bis 12 cm breit, weiß bis rosa; Beerenfrucht leicht eckig, bis 30 cm lang und 1 kg schwer, reif gelb bis blassrosa, dünnschalig, nur von mäßigem, süß-säuerlichem Aroma.

Herkunft und Verbreitung Die aus den Anden stammende Art wird in der Karibik, S-Amerika, Neuseeland und Australien angebaut und auch nach Europa exportiert.

Verwendung Wie die übrigen Passionsfrüchte verwendet man die Königs-Granadilla überwiegend als Frischobst, aber auch in Fruchtsalaten und Milchshakes, als Gelee, Fruchtsaft, in Kaltschalen, Sorbets und Eis oder unreif als Gemüse sowie als Beilage zu Fleischgerichten bzw. als Pastetenfüllung.

Wissenswertes Aus der umfangreichen Gattung *Passiflora* sind weitere Arten im Anbau: Die Curuba oder Bananen-Passionsfrucht (*P. mollissima*) entwickelt um 10 cm lange Beerenfrüchte von ähnlichem Aussehen wie kurze, gerade Zwergbananen mit vollreif braunfleckiger, dunkelgelber, relativ dünner, weich behaarter Schale; Fruchtfleisch orange bis rötlich, etwas fester als bei anderen Arten, von ausgezeichnetem, sehr aromatischem Geschmack. Auf den Antillen verwendet man die aromatischen großen und gelben Früchte der Lorbeer-Granadilla *(P. laurifolia)* als Frischobst.

Dattel
Phoenix dactylifera Palmengewächse *(Arecaceae)*

H bis 25 m Baum

International:
dátileta (E), tamará (P), dattero (I),
datte (F), date (GB)

Merkmale Immergrüner Baum mit häufig gekrümmtem oder bogig überhängendem und unverzweigtem Stamm; Blätter 2–4 m lang, zu 30–50 im Blattschopf, bleiben etwa 5–7 Jahre am Baum, gefiedert, graugrün, Fiedern zu 140–180, jeweils bis 40 cm lang; Blüten klein, weißlich cremefarben, zahlreich in großen, gebogenen Rispen mit orangegelben Rispenästen, männliche und weibliche auf verschiedenen Pflanzen, windbestäubt; Beerenfrüchte bis 7 cm lang, mit länglichem, hartem Samen.

Herkunft und Verbreitung Die Art leitet sich vermutlich aus der in W-Asien (Gebiet um den Persischen Golf) verbreiteten wild wachsenden Palmenart *Phoenix sylvestris* ab und hat sich von N-Indien bis nach N-Afrika ausgedehnt. Heute wird sie weltweit in Sorten angepflanzt. Natürlich ist sie auch im Mittelmeergebiet überall und stellenweise in Plantagen (Spanien) anzutreffen. Haupterzeuger sind Irak, Iran, Saudi-Arabien und Ägypten.

Verwendung Von den 3 Fruchtknoten jeder weiblichen Blüte entwickelt sich meist nur einer zu einer fleischigen Beere mit hartem, längsgefurchtem Samen (Dattelkern). Die Dattelfrüchte sind insbesondere in N-Afrika ein wichtiges Grundnahrungsmittel. Wegen ihres sehr hohen Zuckergehaltes, der bei 50 % liegen kann, konservieren sie sich gleichsam von selbst und sind somit lange Zeit lagerungsfähig. Man isst sie frisch oder getrocknet als Obst oder verwendet sie als Zutat für verschiedene Süßspeisen und Gebäck. Gepresst verarbeitet man sie zu Dattelbrot, Saft oder Sirup.

Wissenswertes Da die harte Wand des Dattelkerns die Samenschale und nicht die innere Schicht der Fruchtwand darstellt, ist die Dattel keine Stein-, sondern eine Beerenfrucht. Zur Erzielung eines reichen Fruchtansatzes hängt man in Dattelpflanzungen ein paar männliche Rispenteile in den Kronenraum weiblicher Bäume. Da die Pollen monatelang bestäubungsfähig bleiben, werden männliche Blütenrispen sogar gehandelt.

Fruchtstand der Dattelpalme

KüchenTipp

Dattel-Chutney

Zutaten (für 4 Portionen): 500 g Datteln (frisch), 50 g Zucker, 1 Zwiebel, 2 Knoblauchzehen, 1 Gemüse-Paprika (gelb), 1 Messerspitze geriebener Ingwer, 3 EL Weinessig, Salz.

Zubereitung: Datteln entkernen und stückeln. Paprika aufschneiden, Kernbereich entfernen und den Rest klein würfeln. Zwiebel vierteln und klein stückeln. Datteln, Paprika und Zwiebel in eine Kasserolle geben, Essig, Ingwer, eine Prise Salz und zerdrückte Knoblauchzehe zugeben. Die Mischung langsam erhitzen und bei kleiner Flamme unter ständigem Umrühren köcheln. Kalt servieren oder – zum Konservieren – heiß in Gläser füllen und diese erst nach dem Erkalten schließen. Dieses Chutney passt hervorragend zu Lammkeule.

AnzuchtTipp

Palmen sind – solange sie klein und überschaubar sind – ausgesprochen dekorative Kübelpflanzen. Die in Europa angebotenen *Phoenix*-Palmen sind meist keine Dattelpalmen, sondern Exemplare der nahe verwandten Kanaren-Palme *(Ph. canariensis)*, die allerdings keine genießbaren Früchte trägt. Die Samen (Dattelkerne) verpackter, also nicht erntefrischer Datteln legt man 2–3 Tage in lauwarmes Wasser, steckt sie dann 1–3 cm tief in gute Anzuchterde und hält sie leicht feucht. Bis zur Keimung muss man jedoch ein wenig Geduld aufbringen, denn sie erfolgt erst nach 2–7 Monaten und eventuell noch später. Eine allzu häufige Düngung empfiehlt sich nicht, da die Sämlinge nicht zu schnell wachsen sollen. Nach wenigen Jahren passt die Palme ohnehin in keinen Wohnraum mehr.

Kapstachelbeere, Andenbeere

Physalis peruviana (Ph. edulis) Nachtschattengewächse *(Solanaceae)*

H bis 2 m Kraut

International: uvilla, uchuva (E), camapu (P), physalis (I), coqueret du Perou (F), cape goosberry (GB)

Merkmale Ein- oder mehrjährige Pflanze mit aufrechtem, strauchartig verzweigtem, häufig violett überlaufenem Stängel; Blätter wechselständig, weich behaart, herzförmig, buchtig gekerbt, bis 15 cm lang und 10 cm breit, mattgrün, Blattnerven oberseits bräunlich; Blüten einzeln gestielt in den Blattachseln, 5-zählig, gelb mit dunklem Schlundfleck, 2 cm breit; Beerenfrucht kugelig, bis 2 cm im Durchmesser, reif glänzend orangegelb, glatt, mit knackigem Fruchtfleisch; nach der Blüte vergrößert sich der Kelch zum blasig aufgetriebenen, 5- bis 6-kantigen, laternenähnlichen Gebilde mit kurzer Spitze. Zur Vollreife sind seine inzwischen vergrößerten Blätter trockenhäutig, bleichbraun bis strohgelb und etwas pergamentartig. Die Beeren schmecken süßlich mit leichter Weinbeerennote.

Herkunft und Verbreitung Trotz ihres irreführenden Namens ist diese Pflanze nicht in S-Afrika beheimatet, sondern stammt aus den südamerikanischen Anden (Peru, Bolivien, Chile). Portugiesische Seefahrer brachten sie allerdings im 18. Jahrhundert in die Kapprovinz, wo die Pflanze seither in größerem Umfang kultiviert wird. Weitere Anbaugebiete sind Madagaskar, Java und zunehmend die Mittelmeerländer.

Verwendung Die vollreifen und recht vitaminreichen Beeren werden mit den Samen roh als Frischobst gegessen oder in Chutneys, Fruchtsalaten, Fruchtsäften und Marmeladen verwendet. Man kann damit Torten belegen, sie im Rumtopf einlegen oder in Bowlen und Longdrinks verwenden, beispielsweise ähnlich wie Cocktailkirschen. Mit der ausgebreiteten Kelchblatthülle sehen sie auch als Garnitur von Fleischgerichten außerordentlich dekorativ aus. Leicht erwärmt und in einem zuvor bereiteten Fond aus Weißwein, Hühnerbrühe und etwas Cayennepfeffer (vgl. S. 221) eignen sie sich hervorragend als Beilage zu Fischgerichten (Filets von Seezunge oder Zander). Kühl und trocken gelagert sind sie mehrere Monate haltbar.

Wissenswertes Obwohl in allen grünen Teilen der Pflanze die für die Familie typischen und zum Teil sehr giftigen Alkaloide nachgewiesen sind, gelten die alkaloidfreien reifen Früchte als völlig unbedenklich. Die Kapstachelbeere ist mit der bei uns in Gärten gezogenen Lampionpflanze oder Judenkirsche (Physalis alkekengi) nahe

Die Erdkirsche wird auch Tomatillo genannt

verwandt. In M-Amerika (Mexiko) ist die schon seit Aztekenzeiten hoch geschätzte Erdkirsche (Ph. ixocarpa) verbreitet, die im Ursprungsgebiet unter dem Namen Tomatillo bekannt ist und überwiegend als Gemüse gegessen wird. Man kann sie jedoch nach Zuckern auch als Dessert verzehren. In Mexiko ist sie zusammen mit Chilis Bestandteil der salsa verde, einer scharfen Sauce. Eine weitere als Gemüse verwendete Art ist die Goldkirsche (Ph. pruinosa) aus dem südöstlichen N-Amerika.

KüchenTipp

Glasierte Kapstachelbeeren
Zutaten (für 16 Kleinportionen): 16 reife Kapstachelbeeren, 200 g Puderzucker, 2 EL Tequila oder Himbeer- bzw. Kirschwasser, 3 EL Mineralwasser.
Zubereitung: Früchte ohne die Hülle in kaltes Wasser eintauchen, gut waschen und mit einem Tuch trocknen. Zucker mit Spirituosen und Mineralwasser zu einer teigigen, aber nicht zu steifen Masse verrühren. Früchte einzeln eintauchen und auf Küchenpapier zum Trocknen auslegen.

AnzuchtTipp

Kapstachelbeeren sind relativ einfach zu kultivieren. Man legt die gründlich gewaschenen Kerne vollreifer Beeren aus dem Fruchthandel am besten im Frühjahr in Anzuchterde und stellt das Anzuchtgefäß – mit einer Klarsichtfolie oder Plastiktüte zur Sicherung einer hohen Luftfeuchtigkeit überdeckt – an einem hellen, warmen Platz auf. Ab Ende Mai kann man die Sämlinge im Garten an eine sonnige Stelle auspflanzen. Sie bringen bis in den Herbst Blüten und Früchte hervor.

Lucuma
Pouteria lucuma Breiapfelgewächse *(Sapotaceae)*

H bis 15 m | Baum

International:
lucuma (E), abio (P), lucuma (I),
balata jaune (F), lucmo (GB)

Merkmale Immergrüner, dichtkroniger, rundlicher Baum; Zweige anfangs samtig behaart, führt in allen Teilen Milchsaft; Blätter wechselständig, an den Zweigenden büschelig gedrängt, verkehrt eiförmig bis elliptisch, glattrandig, bis über 20 cm lang, dunkelgrün glänzend, unterseits oft braun behaart; Blüten einzeln oder zu 2–3 in den Blattachseln, etwa 1 cm breit, hellgelb; Beerenfrucht kugelig, lang gestielt und deshalb hängend, bis 10 cm im Durchmesser, Fruchtschale olivgrün, glatt; Fruchtfleisch leuchtend orangegelb, ziemlich fest bis mehlig, angenehm süß, schmeckt nach Walnüssen mit feiner Mango-Vanille-Note.

Herkunft und Verbreitung Die Art ist im westlichen S-Amerika (Anden von Chile, Peru, Ecuador und Kolumbien) beheimatet und wird bisher wenig in anderen Regionen (Australien, Neuseeland, Karibik) kultiviert.

Verwendung Die reifen, von außen wenig attraktiven, aber sehr delikat schmeckenden Früchte werden roh als Frischobst verzehrt, mit Zucker zu Sirup verkocht, als Kuchenbelag oder in Speiseeis verwendet. Getrocknetes Fruchtfleisch nimmt man als Gewürz. Nur wenige Tage haltbar.

Wissenswertes Im Ursprungsgebiet ist die Lucuma ein bedeutendes Fruchtgehölz und sogar die Nationalfrucht Chiles. Eng verwandt und ähnlich verwendet sind Zimtapfel *(Pouteria hypoglauca)*, Sapote *(P. sapota)* und Curiola *(P. torta)*. Zur gleichen Familie gehören auch Breiäpfel bzw. Chiku (S. 72).

Nektarine, Glattpfirsich

Prunus persica var. *nucipersica*   Rosengewächse *(Rosaceae)*

H bis 7 m   Baum oder Strauch

International:
nectarina (E, P), nettarina (I),
nectarine (F), nectarine (GB)

Merkmale Sommergrüner, kleiner Baum oder Strauch mit offener Krone; Blätter wechselständig, schmal-oval, 5–15 cm lang, oberhalb der Spreitenmitte 2–4 cm breit, kurz zugespitzt, fein gezähnt, glatt, kahl; Blüten bis 3,5 cm breit, Kronblätter weißlich oder kräftig rosa; Steinfrüchte kugelig, bis 8 cm dick, gelb oder rotviolett; Fruchtfleisch saftig, fest, tiefgelb bis orange; Steinkerne grubig gefurcht.

Herkunft und Verbreitung Die Wildform der Stammart Pfirsich kommt aus N-China. Schon seit langem sind zahlreiche Sorten herausgezüchtet worden. Nektarinen kennt man etwa seit den 1970er Jahren, sie wurden besonders in N-Amerika züchterisch bearbeitet und verbessert. Hauptanbaugebiete sind heute S-Afrika, M- und S-Amerika sowie die Mittelmeerländer.

Verwendung Nektarinen verzehrt man ebenso wie Pfirsiche roh als Frischobst. Pollenallergiker entwickeln gegen die Rohfrucht eventuell Unverträglichkeiten. Unproblematischer ist der Genuss als Kompott. Aus den Samenkernen gewinnt man das Marmotteöl und den Marzipanersatz Persipan.

Wissenswertes Nach botanischen Kriterien gehören die Nektarinen als Varietät in den Formenkreis des Pfirsichs. An ihrem Erbbild sind vermutlich auch die zur gleichen Gattung *Prunus* gehörenden Pflaumen beteiligt. Für den Garten gibt es winterfeste, zwergwüchsige Formen mit kräftiger gefärbten Blüten und kleineren Früchten.

Guave, Guajave

Psidium guajava Myrtengewächse *(Myrtaceae)*

H bis 7 m Baum

International:
guayaba (E), goiaba (P), guava (I),
goyave (F), guava (GB)

Merkmale Immergrüner, kleiner Baum auf kurzem, meist gedrehtem Stamm mit offener Krone und 4-kantigen, gefurchten Zweigen; Rinde blättert großschuppig ab; Blätter gegenständig, kurz gestielt, länglich oval, bis 15 cm lang und 7 cm breit, ungeteilt, glattrandig, oberseits kahl, unterseits weich und filzig behaart, mit stark hervortretenden Hauptnerven; Blüten weiß, bis 3 cm breit, von angenehmem Duft, zu 1–3 in den Blattachseln; Beerenfrucht bis 10 cm im Durchmesser, sortenabhängig kugelig oder birnenförmig, an der Spitze mit den bleibenden Kelchblättern; Fruchtschale wachsig, dick, reif gelbgrün mit rötlichen Flecken; Fruchtfleisch weißlich, gelblich oder rötlich, etwas glasig und durch Steinzellnester wie bei der Birne leicht körnig, sehr saftig, mit zahlreichen kleinen Samen, sofern nicht sortenbedingt samenlos. Der Geschmack erinnert an eine Mischung aus Birnen, Feigen, Erdbeeren und Quitten.

Herkunft und Verbreitung Die ursprüngliche Heimat der Guave sind die Antillen (Haiti). Zu Beginn des 17. Jahrhunderts gelangte sie von dort nach Asien und wurde über diesen Umweg in die übrigen Tropen gebracht. Heute kultiviert man Guaven sortenreich in S-Amerika (Brasilien), S-Asien (Indien), ferner in S-Afrika, in den USA (Hawaii, Kalifornien) und in den Mittelmeerländern (Israel). Fast überall in den Anbaugebieten ist die Art auch verwildert anzutreffen.

Verwendung Die bemerkenswert vitaminreichen Guaven – sie gehören zu den Rekordhaltern unter den Früchten – werden entweder mitsamt den Samen roh als Frischobst verzehrt oder gekocht als Kompott. Aus dem Fruchtfleisch stellt man ausgesprochen aromatische Konfitüren und außerdem einen erfrischenden Fruchtsaft her. Zum Aromatisieren von Speiseeis und Jogurt dient eine eigens dafür hergestellte Guaven-Paste. Kühl gelagert sind die reifen Früchte über zwei Wochen haltbar.

Wissenswertes Außer dem Gehalt an Vitamin C, der je 100 g Fruchtanteil bis 450 mg betragen kann und damit mehr als das Dreifache der *Citrus*-Früchte, enthalten Guaven auch lebenswichtige Spurenstoffe, darunter Selen und Kalium. Ein Guavenbaum kann jährlich bis 1000 Beerenfrüchte (= ca. 400 kg) hervorbringen.

Familientypisch: Viele Staubblätter

Die Gattung *Psidium* umfasst etwa 100 Arten, aus der weitere Arten als Obstgehölze angebaut werden. Von Bedeutung ist die Erdbeer-Guave *(P. littorale)* aus dem östlichen Brasilien sowie die auch Cas genannte Costaricanische Guave *(P. friedrichsthalianum)*. Die auch Brasilianische Guave genannte Feijoa *(Acca sellowiana)* gehört der gleichen Familie an. Die pflaumengroßen Früchte isst man wie Kiwi.

Exotisches Frucht-Dessert

Zutaten (für 4 Portionen): 500 g Magerquark, 5 Maracujas, 1 Orange (Saft), 1 Guave, 1 Kakipflaume, 1 Karambole, 1 Pitahaya, Zucker nach Belieben. Zubereitung: Maracujas und Guave halbieren, Kerne entnehmen, Fruchtfleisch mit dem Pürierstab zerkleinern, mit Quark und Orangensaft verrühren. Übrige Früchte stückeln oder in Scheiben schneiden und unter den Quark heben. Kühl servieren.

Guaven sind recht leicht zu kultivieren und als Zimmerpflanzen mit ihren großen Blättern sehr dekorativ. Die Samen vollreifer Früchte aus dem Obsthandel legt man in Anzuchterde in einen Pflanztopf. Die Keimung erfolgt innerhalb von etwa 2–6 Wochen. Wenn die Sämlinge etwa fingerlang geworden sind, werden sie in größere Töpfe vereinzelt und an einem warmen, hellen Platz aufgestellt. Da die Pflanzen ziemlich rasch wachsen, sollte man den Haupttrieb bei etwa 1 m kappen, so dass sich das Stämmchen verzweigt. Im 3. Jahr blüht er und könnte auch Früchte tragen, denn die Handelssorten sind überwiegend selbstbefruchtend.

Granatapfel
Punica granatum Granatapfelgewächse *(Punicaceae)*

H bis 6 m Baum

International:
granada (E), romã (P), melograna (I),
grenade (F), pomegranate (GB)

Merkmale Sommergrüner, stark
ästiger, mitunter bedornter Strauch
oder krummstämmiger kleiner Baum
mit kantigen, graubraunen Zweigen;
Blätter gegenständig (an Langtrieben
auch wechselständig), nicht selten
auch büschelig gehäuft, kurz gestielt,
2–8 cm lang, breitoval, ziemlich derb,
oberseits glänzend grün, glattrandig,
mit kräftigem Mittelnerv; Blüten bis
4 cm breit, zu 1–3 auf kurzen Stielen
in den oberen Blattachseln, fleischi-
ger Kelch und Achsenbecher leuchtend rot, Kronblätter 5–8, glockig,
etwas zerknittert, kräftig orangerot,
Staubblätter sehr zahlreich; Frucht
apfelähnlich mit derber, lederiger
Schale, bis 9 cm groß, gekammert, an
der Spitze mit verbleibenden harten
Kelchblättern.

Herkunft und Verbreitung Die Art
ist vom östlichen Mittelmeer- und
Schwarzmeergebiet bis nach N-Indien heimisch, wurde aber bereits in
der Antike im gesamten Mittelmeerraum kultiviert. Nachkommen kultur-
flüchtiger Exemplare finden sich auch
in der S-Schweiz und in S-Tirol. Heute
wird die Art als dekoratives Zier- und
Fruchtgehölz in den Tropen und Subtropen angepflanzt.

Verwendung Man schneidet die ap-
felähnliche Frucht auf, löffelt die glasig roten, etwas kantigen Samen aus,
saugt die geleeartigen Teile auf. Die
steinharten Reste kann man gegebe-
nenfalls mit verschlucken. Granatap-
felkerne sind garnierende Beilage zu
Fleischgerichten, auf kalten Platten
oder in Obstsalaten. Ihren Saft gewinnt man auch industriell – sein an-

genehm säuerliches Aroma dient als erfrischender Getränkezusatz (Grenadine), den man auch klassischen Cocktails zumischt. Außerdem verwendet man ihn in Multivitamin-Obstsäften oder eingedickt als Sirup. Die Fruchtschale diente früher zum Färben von Leder, die Wurzelrinde volksmedizinisch als Mittel gegen Bandwürmer. Das harte Holz wurde für Werkzeuge oder Schnitzarbeiten genutzt. Die Früchte können mehrere Wochen gelagert werden.

Wissenswertes Der Granatapfel ist vor allem deswegen bemerkenswert, weil hier ausnahmsweise der äußere Teil der Samenschale zur Reifezeit fleischig wird und den essbaren Teil liefert. Der apfelähnlich aussehende und kräftig ausgefärbte „Apfel" ist dagegen eine Trockenbeere. Den Griechen galt er wegen seiner zahlreichen Samen als Symbol der Fruchtbarkeit, und auch viele römische Quellen schwärmen vom „Punischen Apfel". Außerdem hat er der spanischen Stadt Granada, dem roten Halbedelstein Granat und dem Geschoss Granate den Namen verliehen. Sogar das spanische Staatswappen trägt einen Granatapfel. Hauptimportzeit nach Mitteleuropa sind die Monate September bis Dezember, Spätsorten bis März.

KüchenTipp

Grenadine-Sorbet
Zutaten (4 Portionen): 6 reife Granatäpfel, 7 EL Armagnac, 1 Glas Apfelsaft, 3 EL Grenadine, 200 g Gelierzucker.
Zubereitung: Samen aus den Granatäpfeln lösen und 30 min in Armagnac ziehen lassen. Apfelsaft, Grenadine und Zucker mischen, vorsichtig zum Kochen bringen und dann für 3 min köcheln lassen, abkühlen und den angesetzten Armagnac dazu gießen. Masse für 1 h in das Tiefkühlfach stellen und mehrfach umrühren. In kalten Dessertschalen servieren.

Tequila Sunrise
Zutaten (1 Portion): 1 cl weißer Tequila, gestoßene Eisstückchen, Orangensaft, 2 cl Grenadine. Tequila über das Eis in ein gekühltes, schmales Cocktailglas gießen, mit Orangensaft auffüllen, gut umrühren, dann langsam Grenadine dazugießen … und die Sonne geht auf.

AnzuchtTipp

Die harten Samenkerne frischer Früchte sät man direkt in leicht kalkhaltige Anzuchterde, hält sie feucht und stülpt als Klimahilfe für höhere Luftfeuchtigkeit eine Plastiktüte als Minigewächshaus darüber. Die Keimung erfolgt meist innerhalb einiger Wochen. Sobald die Pflänzchen um 10 cm hoch geworden sind, werden sie in größere Töpfe verpflanzt. Durch Kappen des Leittriebes erzwingt man eine Verzweigung und erhält so buschige Exemplare.

Nashi, Orient-Birne

Pyrus pyrifolia (P. serotina) Rosengewächse *(Rosaceae)*

H bis 15 m   Baum
International:
nashi (E, P, I, F, GB)

Merkmale   Sommergrüner, etwas sparrig verzweigter Baum mit bedornten Ästen; Blätter wechselständig, gestielt, länglich oval, bis 15 cm lang und 6 cm breit, glattrandig, oberseits frischgrün, unterseits heller, kahl; Blüten etwa 3 cm breit, weiß, gestielt, einzeln oder in Büscheln in den Blattachseln; Apfelfrucht (Sammelbalgfrucht) birnen- oder apfelförmig, reif gelblich braun, glatt oder wenig warzig punktiert und dann leicht rau; Fruchtfleisch cremeweiß, auch in der Vollreife knackig fest, wenig druckempfindlich, von angenehmem Aroma mit leichter Rosenwasser-Note, sonst üblichen Kultur-Birnen vergleichbar.

Herkunft und Verbreitung   Die Art stammt aus Korea, N-China und Japan, wurde aber im Wesentlichen in Japan züchterisch bearbeitet und ist heute sortenreich im Anbau. Wichtige Anbaugebiete sind heute auch Australien, Neuseeland, Chile und die USA.

Verwendung   Die köstlich schmeckende und zunehmend beliebte Nashi verzehrt man ohne Kerngehäuse als Frischfrucht wie andere Birnen oder verwendet sie in Obstsalaten, gedünstet als Beilage zu Fleischgerichten (Wild) und Geflügelsalat oder zusammen mit Schinken und Käse serviert. Außerdem ist sie als Dosenkonserve im Handel. Sie ist nach der Ernte lange lagerfähig.

Wissenswertes   Nashi, im Handel manchmal auch Apfelbirne genannt, ist eine mit unseren Kultur-Birnen *(Pyrus communis)* sehr eng verwandte Kernfrucht.

Birnenmelone, Kachuma, Pepino

Solanum muricata Nachtschattengewächse *(Solanaceae)*

H bis 1 m Staude

International: pepino dulce (E), pepino doce (P), pepino (I), poire-melon (F), cachum (GB)

Merkmale Mehrjährige, krautige Pflanze mit meist liegenden Stängeln; Blätter wechselständig, eiförmig-lanzettlich bis fiederig geteilt, glattrandig oder entfernt gezähnt, bis 15 cm lang; Blüten bläulich weiß, bis 4 cm breit, einzeln oder in kurzen Trauben in den Blattachseln; Beerenfrucht eiförmig-kugelig oder spindelig, glatt, bis 15 cm groß; Fruchtschale gelb bis gelborange und (sortenabhängig) rotbraun gestreift oder gefleckt; Fruchtfleisch weich, hellgelb, saftig, ziemlich süß mit feinaromatischer Birnen-Melonen-Note.

Herkunft und Verbreitung Die Pflanze stammt aus dem nördlichen S-Amerika (Kolumbien, Peru) und wird heute in zahlreichen Sorten in fast allen wärmeren Regionen angebaut, unter anderem in O-Afrika, auf den Kanarischen Inseln und im Mittelmeergebiet.

Verwendung Die delikaten, vitaminreichen Früchte werden (meist ohne Schale) roh als Frischobst verzehrt oder zu Konfitüre bzw. Fruchtsaft verarbeitet. Man kann sie auch mit Krabben füllen oder wie Melonen mit Schinken servieren, wobei etwas Zitronensaft das Nachbräunen verhindert. Gekühlt sind die Früchte wenige Tage haltbar.

Wissenswertes Wegen ihres Aussehens nennt man die Früchte mancher Sorten auch Apfelmelone. Die Blütenfarbe ist offenbar von der Entwicklungstemperatur abhängig. In den wärmeren Tieflandstandorten sind die Blüten weiß, im kühleren Bergland dagegen eher bläulich.

Lulo, Naranjilla, Quitotomate
Solanum quitoense Nachtschattengewächse *(Solanaceae)*

H bis 3 m Strauch
International:
lulo, naranjilla (E, P, I, F, GB)

Merkmale Laub werfender Strauch mit behaarten Zweigen; Blätter wechselständig, behaart, unterseits auf der violetten Hauptrippe meist kräftig bestachelt, im Umriss oval, spitz, grob gezähnt bis buchtig; Blüten weiß, bis 3 cm breit, einzeln oder in kurzen Trauben in den Blattachseln; Beerenfrucht etwa tomatengroß, orange, kugelig, mit 5 bleibenden Kelchblättern, Fruchtschale anfangs mit dunklen Sternhaaren samtig behaart, vollreif kahl, etwas ledrig; Fruchtfleisch grünlich bis blassgelb, etwas glasig und geleeartig, mit zahlreichen linsenförmigen Samen, erinnert im Geschmack an eine Mischung aus Ananas, Guave, Erdbeeren und Cherimoya.

Herkunft und Verbreitung Die „kleine Orange", wie man sie in ihrer Heimat nennt, stammt aus den nördlichen Anden (Ecuador, Kolumbien, Peru) und wird in ihrer Heimat in Sorten angebaut. Plantagen finden sich auch in Panama, Costa Rica, Florida und O-Asien.

Verwendung Die im Tropenklima ganzjährig zu erntenden Früchte werden durch Pürieren zu einem erfrischenden Fruchtsaft verarbeitet, oder man verzehrt sie mit Zucker roh direkt aus der geöffneten Schale. Außerdem verwendet man sie für Konfitüren, Gelees und Cocktails. Die reifen Lulo-Früchte sind nur sehr kurz haltbar.

Wissenswertes Ähnlich wird die in Amazonien in Kultur genommene etwas kleinere Cocona *(Solanum sessiliflorum)* bewertet, die die europäischen Märkte noch nicht erobert hat.

Gelbe Mombinpflaume

Spondias mombin Sumachgewächse *(Anacardiaceae)*

H bis 25 m   Baum
International: ciruela (E), cajá,
acaiba (P), mombina (I), cirouelle,
mopé (F), yellow mombin (GB)

Merkmale Immergrüner, stattlicher
Baum mit breiter Krone; Blätter
gegenständig, bis 50 cm lang, unpaarig gefiedert, Fiedern kurz gestielt,
schmal eiförmig mit lang ausgezoge-
nen Spitzen, bis 12 cm lang; Blüten
klein, cremeweiß, zahlreich in endständigen Rispen; Steinfrucht reif
goldgelb, etwa pflaumengroß und
von ähnlichem Aussehen; Fruchtschale glatt, dünnhäutig, glänzend;
Fruchtfleisch etwas glasig, saftig,
schmeckt angenehm süß-säuerlich.
Herkunft und Verbreitung Die Heimat sind die Regen- und Trockenwäl-
der von Mexiko bis Peru und Brasilien.
Die Art wird aber auch in Afrika sowie
in SO-Asien angebaut.

Verwendung Die reifen Früchte isst
man roh als Frischobst oder (ent-
kernt) eingekocht als Marmelade.
Den Saft verarbeitet die Getränkeindustrie. In Mexiko legt man sie mit
Chilis ein oder bereitet Chutneys
daraus zu. Die Früchte sind nicht
lange haltbar.
Wissenswertes Die Gattung umfasst einige weitere als Obst genutzte
Fruchtbaum-Arten, darunter die in
Polynesien verbreitete Balsampflaume *(Spondias cytherea)*, die tiefrote
und besonders aromatische Rote
Mombinpflaume *(S. purpurea)* aus
M-Amerika sowie die Mangopflaume
(S. pinnata) aus Indien. Bei den meisten Arten ist der bis 2 cm lange Steinkern nur relativ schwer vom leicht
faserigen Fruchtfleisch zu lösen.
Dekorative Mombinbäumchen kann
man aus den Kernen leicht in Töpfen
und Kübeln ankultivieren.

Rosenapfel
Syzygium jambos Myrtengewächse *(Myrtaceae)*

H bis 8 m   Baum oder großer Strauch

International: pomarosa (E),
jambo amarelo (P), mela de rosa (I),
pomme-rose (F), rose apple (GB)

Merkmale Immergrüner, dicht belaubter, kleiner Baum oder großer
Strauch mit langen, am Ende überhängenden Ästen; Blätter gegenständig, kurz gestielt, eiförmig-lanzettlich, bis 20 cm lang und 4 cm breit,
oberseits dunkelgrün glänzend; Blüten hellgelb bis cremeweiß, zu 4–8 in
Schirmrispen, die Kronblätter fallen
beim Aufblühen ab, die Blüte wirkt
dann optisch vor allem durch die bis
300 langen, fadenförmigen Staubblätter; Beerenfrucht länglich-kugelig, bis
5 cm Durchmesser, reif grünlich gelb,
an der Spitze mit den bleibenden,
etwas fleischigen 4 Kelchblättern;
Fruchtfleisch fest, hellgelblich, duftet
nach Rosenblüten, von angenehm

fruchtigem Geschmack. Die bis 2 cm
großen, braunen Samen sind leicht
giftig.

Herkunft und Verbreitung Die Art
stammt aus Indien bzw. dem malaysischen Raum und wurde als Fruchtgehölz in viele Teile der Tropen gebracht.
Wichtige Anbaugebiete sind heute die
Karibischen Inseln und M-Amerika.

Verwendung Rosenäpfel werden
roh als Frischobst verzehrt, als Dessert zubereitet oder mit Sirup kandiert. Außerdem verwendet man sie
zusammen mit anderen aromatischen Früchten als Obstkonserve für
tropische Fruchtcocktails oder als
Aromalieferant für Fruchtsäfte. Die
Früchte sind nicht lange haltbar.

Wissenswertes Der Rosenapfel,
im Handel mitunter auch Rosen-
Wachsapfel genannt, ist ein enger
Verwandter des Gewürznelkenbau-
mes (S. 237).

Apfeljambuse, Malaysiaapfel

Syzygium malaccense Myrtengewächse *(Myrtaceae)*

H bis 9 m   Baum oder großer Strauch
International: pomarosa (E),
jambu (P), manzana (I),
pomme malac (F), Malay apple (GB)

Merkmale Immergrünes, kleines Gehölz mit breiter Krone und überhängenden, stark verzweigten Ästen und 4-kantigen Zweigen; Blätter gegenständig, kurz gestielt bis sitzend, schmal elliptisch bis lanzettlich, bis 20 cm lang und 4 cm breit, matt dunkelgrün, glattrandig; Blüten einzeln oder büschelig direkt am Stamm oder an erstarkten Ästen, Kronblätter fallen beim Aufblühen ab, Staubblätter sehr zahlreich, kräftig rosarot, pinselartig; Beerenfrucht birnen- bis quittenförmig, bis 10 cm lang, am Ende mit 4 Kelchblättern; Fruchtschale reif rot oder in anderen Farben gescheckt, dünn; Fruchtfleisch weiß, außen fest, nach innen schwammig, angenehm süßlich, aber wenig aromatisch und mit deutlichem Rosenduft.

Herkunft und Verbreitung Ursprünglich nur in SO-Asien (Malaysischer Archipel) verbreitet, wird die Art heute in den gesamten Tropen als Zier- und Fruchtgehölz angebaut.

Verwendung Die reif nur kurz haltbaren Früchte isst man roh als Frischobst mit Schale, aber ohne Samen. Gezuckert und mit Gewürzen (Nelke) verarbeitet man sie auch zu Desserts oder Marmeladen. Unreif legt man sie als Pickles ein.

Wissenswertes Die mit 500 Arten sehr umfangreiche Gattung enthält zahlreiche weitere Nutzpflanzen. Die ähnlich bewertete Jambolan *(Syzygium cumini)* stammt aus Sri Lanka und wird heute auf den Antillen sowie in Australien kultiviert. Ein naher Verwandter ist auch der Gewürznelkenbaum (S. 237).

Pitomba

Talisia esculenta (Sapindus edulis) Seifenbaumgewächse *(Sapindaceae)*

H bis 10 m Baum
International:
cotopalo (E), pitomba (P, I, F, GB)

Merkmale Immergrüner, breitkroniger Baum; Blätter wechselständig, paarig gefiedert, Fiedern kurz gestielt, schmal oval, bis 12 cm lang, in 2–5 Paaren, dunkelgrün oder mit hellgrünen Flecken; Blüten klein, gelblich, in endständigen Rispen; Nussfrucht rundlich, etwa kastaniengroß, enden mit feiner Spitze, Fruchtschale reif zimt- bis dunkelbraun, lederig, feinwarzig; Samen braunrot, eingehüllt vom saftigen, glasig-milchigen Samenmantel, der den essbaren Teil liefert, Geschmack angenehm aromatisch und etwas säuerlich.

Herkunft und Verbreitung Die Pitomba ist im S-Amerika (vor allem Brasilien, N-Argentinien und Bolivien) beheimatet und wurde bislang nur wenig in anderen Tropengegenden (z. B. Hawaii) eingeführt. Im Ursprungsgebiet wird sie allerdings in mehreren Sorten kultiviert.

Verwendung Die saftigen und vitaminreichen Samenmäntel reifer Früchte verzehrt man wie die der nahen Verwandten Longan (S. 53), Litchi (S. 66) und Rambutan (S. 78). Sie werden außerdem für die Saftproduktion verwendet.

Wissenswertes Gelegentlich wird mit dem portugiesischen Wort Pitomba auch die ebenfalls aus Brasilien stammende Obstart *Eugenia luschnathiana* bezeichnet, die eng mit der Surinamkirsche (S. 58) verwandt ist. Die Baumgattung *Talisia* umfasst etwa 40 Arten, von denen 8 essbare Früchte tragen. Die Samenkerne aller Arten sind ziemlich leicht anzukultivieren.

Tamarinde, Sauerdattel

Tamarindus indica Johannisbrotbaumgewächse *(Caesalpiniaceae)*

H bis 20 m Baum

International:
tamarindo (E, P, I), tamarin (F),
tamarind (GB)

Merkmale Immergrüner, stattlicher und dickstämmiger Baum mit überhängenden Ästen; Blätter wechselständig, bis 15 cm lang, unpaarig gefiedert, Fiedern bis 2 cm lang, graugrün, in 20–40 gegenständigen Paaren; Blüten in der Knospe hochrot, nach dem Aufblühen cremeweiß mit dunklerer Äderung, in achselständigen, hängenden Trauben; Hülse bis 20 cm lang, 2,5 cm breit, abgeflacht, gekrümmt, abschnittweise verdickt, hellbraun, mit bräunlichem, klebrigem, süßsaurem Fruchtfleisch, das den als Obst nutzbaren Teil darstellt.

Herkunft und Verbreitung Der Tamarindenbaum stammt aus O-Afrika (Äthiopien), wurde aber als Fruchtbaum über die gesamten Tropen verbreitet. Hauptanbaugebiet ist Indien, daher auch „Indische Dattel" genannt.

Verwendung Das saftig-säuerliche Fruchtmark isst man roh (die Hülse kann man leicht mit der Hand aufbrechen), es wirkt leicht abführend. Es wird in der asiatischen (vor allem indischen) Küche zum Marinieren verwendet und eignet sich auch für Sorbets. Außerdem nutzt man es bei der Herstellung von Worcestersauce, als Aromalieferant im Angostura, für die Zubereitung von Sirup.

Wissenswertes Wenn sich das (angetrocknete) Fruchtmark schwer lösen lässt, überbrüht man die geöffnete Frucht mit kochendem Wasser, zerdrückt die Masse und lässt sie längere Zeit stehen. Das so gewonnene Konzentrat kann man für Obstsalate oder Longdrinks verwenden.

Strauch-Heidelbeere

Vaccinium ashei Heidekrautgewächse *(Ericaceae)*

H bis 3,5 m   Strauch

International:
arandáno (E), arando (P), baccole (I),
airelle (F), rabbiteye blueberry (GB)

Merkmale Sommergrüner, buschiger, offenkroniger Strauch; Blätter wechselständig, gestielt, bis 4 cm lang und um 1 cm breit, länglich-oval, an beiden Enden rundlich, oberseits mattgrün, unterseits weißlich blaugrün, färben im Herbst orangerot bis kräftig karminrot um; Blüten 5-zählig, Kronen glockig krugförmig, cremeweiß bis rosa, am Grunde dunkler, zu 1–5 in den oberen Blattachseln; Beerenfrucht bis über 1 cm groß, kugelig, dunkelblau, aber heller bereift; Fruchtfleisch tief dunkelrot, saftig, von angenehm aromatischem Geschmack.

Herkunft und Verbreitung Die Art ist in den südwestlichen USA in Mischwäldern und in Auengehölzen entlang von Fließgewässern beheimatet. Sie wird in den Südstaaten von Virginia bis Florida und westlich bis Texas in Gärten sowie kommerziell in Sorten angebaut.

Verwendung Die saftigen Blaubeeren dieser Art werden roh als Frischobst verzehrt oder in Muffins oder anderem Gebäck verwendet. Außerdem stellt man daraus Fruchtsaftkonzentrate für Mixgetränke, Speiseeis und Jogurt her. Ähnlich verwendet man die auch bei uns kulturfähige und in allen Merkmalen vergleichbare Riesen-Blaubeere *(Vaccinium corymbosum)*, die aus der Kreuzung verschiedener Arten hervorging.

Wissenswertes Der amerikanische Artname geht auf die unreif auffällig hellrosa gefärbten Früchte zurück, die entfernt an die Augen hellfarbiger Hauskaninchen erinnern.

Krannbeere *Vaccinium macrocarpon (Oxycoccus macrocarpos)*

Heidekrautgewächse *(Ericaceae)*

H bis 0,2 m Zwergstrauch

International: arandáno americon (E), arando americano (P), mirtillo americano (I), myrtille americaine (F), cranberry (GB)

Merkmale Immergrüner Zwergstrauch mit kriechenden Stämmchen und aufsteigenden, fadendünnen Zweigen, bildet dichte, niedrige Teppiche; Blätter wechselständig, oval, stumpf, oberseits leicht glänzend, unterseits behaart, bis 1,5 cm lang und 0,5 cm breit; Blüten rosa-weißlich, bis 1,3 cm lang, glockig, in den Blattachseln; Beerenfrucht kugelig, bis 2,5 cm groß, dunkelrot.

Herkunft und Verbreitung Beheimatet im östlichen N-Amerika von Neufundland und Neuschottland bis North Carolina, an Seeufern, in Niedermooren und auf Heiden, seit dem späten 19. Jahrhundert in den Neuenglandstaaten (vor allem Massachusetts) kultiviert. In Deutschland gibt es vereinzelte Vorkommen gartenflüchtiger (?) Exemplare auf den Ostfriesischen Inseln und im N-Schwarzwald.

Verwendung Die recht säuerlich schmeckenden Krannbeeren werden mit Zucker roh verzehrt oder als Marmelade, Gelee oder Kompott zubereitet. Cranberry Sauce nimmt man wie Preiselbeerkompott zu Wildgerichten oder zur Dekoration von Süßspeisen, den intensiv färbenden Fruchtsaft zu klassischen Cocktails (u. a. Cranberry Collins, Seeing Red). Die Früchte sind in M-Europa meist als Tiefkühlware im Handel.

Wissenswertes In N-Amerika kultiviert man Krannbeeren meist in großen Becken. Zur Erntezeit werden diese geflutet. Die sind dann leicht abzusammeln.

Weinrebe

Vitis vinifera Weinrebengewächse *(Vitaceae)*

H bis 20 m   Kletterstrauch

International:
vid (E), vinho (P), vino (I), vigne (F),
grape vine (GB)

Merkmale Sommergrüne Kletterpflanze, befestigt sich an seiner Stüt-
ze mit verzweigten, gegen den Uhrzeigersinn windenden Ranken (=
umgebildeten Blütenständen); Triebe
anfangs behaart, später meist kahl;
die Ranken oder die daraus entstandenen Blütenstände fehlen an jedem
dritten Sprossknoten; Blätter lang gestielt, im Umriss rundlich bis herzförmig und daher mit unterschiedlich
großer Stielbucht, 3- bis 5-lappig,
scharf gezähnt, oberseits kahl, unterseits dicklich behaart, im Herbst (sortenabhängig) goldgelb oder intensiv
rot; Blüten unscheinbar, grünlich
gelb, schwach duftend, zahlreich in
aufrechten oder bogig abstehenden

Rispen (= Gescheine) an der Basis
jüngerer Triebe; die Kelch- und Kronblätter fallen sehr frühzeitig ab. Bei
der Wildform sind die Blüten immer
eingeschlechtig (zweihäusig), bei
Kulturreben dagegen überwiegend
zwittrig; Beerenfrucht kugelig bis
länglich, bei der Wildform nur etwa
erbsengroß und schwärzlich blau von
betont saurem Geschmack, bei den
Kulturreben sortenabhängig gelbgrün, rotbraun oder blauviolett. Die in
Mitteleuropa beheimatete Wildform
ist vom Aussterben bedroht.

Herkunft und Verbreitung Die
typenreiche Wildform der Weinrebe
ist in SO- und S-Europa beheimatet,
im gesamten Mittelmeergebiet sowie
in Vorderasien. Sie ist von Natur aus
eine auch im Halbschatten gedeihen-
de Liane strukturreicher Auenwälder
und bevorzugt tiefgründige, basen-
reiche Lehm- und Tonböden. In

Weinanbau nach europäischem Vorbild im kalifornischen Napa Valley

Deutschland kommt sie noch sehr selten nur im Oberrheingebiet und an der Donau vor. Die Kulturformen der Weinrebe werden heute in einem breiten Gürtel zwischen 30 und 50° nördlicher Breite sowie 30 und 40° südlicher Breite auf allen Kontinenten in zahlreichen Rebsorten angebaut. Im Tropengürtel ist kein Weinbau möglich.

Die unserer Weinrebe recht ähnliche Fuchs- oder Fox-Weinrebe *(Vitis labrusca)* aus dem östlichen N-Amerika zeichnet sich durch auffallend flockig behaarte junge Triebe aus. Ihre Blattranken bzw. Blütenstände entwickeln sich ohne Unterbrechung an mehreren aufeinander folgenden Sprossknoten, die Blätter sind im Umriss rundlich, bis 16 cm breit, undeutlich 3- bis 5-lappig bis 3-zipflig, fein gezähnt, an der Basis mit enger Stielbucht, oberseits matt dunkelgrün, unterseits zunächst grau-, zuletzt braunfilzig. Die Früchte sind reif dunkelviolett, bei manchen Kulturformen auch etwas grünlich. Diese bemerkenswerte Wildrebe, die man in ihrer Heimat stellenweise auch in Sorten anbaut, wurde – da sie gegen die Reblaus resistent ist – zunächst in die europäischen Reben eingekreuzt, was jedoch deren sortentypischen Geschmack ungünstig beeinflusste und mit so genannten Fox-Tönen belastete. Daher hat man sie später nur noch als reblausfeste Pfropfunterlage verwendet. Heute arbeitet man mit gentechnischen Methoden an der Schädlingsresistenz der hoch geschätzten Rebsorten.

Verwendung Die Beerenfrüchte der Weinreben, meist verkürzt und botanisch nicht ganz korrekt Trauben genannt, verwendet man als Tafelobst oder bereitet daraus regionaltypische Weine zu. Nur das ausschließlich aus der Weinbeere nach strengen Regeln mit vielschrittiger Kellertechnik bereitete Gärprodukt darf die Bezeichnung „Wein" tragen; alle anderen aus süßen Früchten hergestellten Fruchtweine erhalten eine gesetzlich vorgeschriebene Zusatzbezeichnung, beispielsweise Apfel-, Brombeer-, Holunder- oder Pflaumenwein.

Wissenswertes Die häufig auch als eigene Art *(V. sylvestris)* aufgefasste Wildform ist heute nördlich der Alpen extrem selten, weil einerseits durch Veränderung der Flussauen ihre natürlichen Standorte zum großen Teil verschwunden sind und andererseits die im 19. Jahrhundert von N-Amerika eingeschleppten Schädlinge (Mehltau-Pilze, Reblaus) auch die wenigen noch wild vorkommenden Restpopulationen stark beeinträchtigten. Schon die Menschen der Jungsteinzeit sammelten und verwerteten die wilden Weinbeeren, wie Traubenkernfunde in alten Siedlungshorizonten selbst im nördlichen M-Europa beweisen. Da die frühesten angebauten Reben der rotfrüchtigen Wildform noch sehr nahe standen, sind die in der Bibel erwähnten Weine mit größter Wahrscheinlichkeit Rotweine gewesen.

Die in einem großen, zusammenhängenden Verbreitungsgebiet bis in den vorderen Orient beheimatete Wildrebe ist eine der wichtigsten Stammarten im heute außerordentlich komplexen Sortenbild der Kulturreben, die man in züchterisch veredelter Form schon seit der frühen Vorantike anbaut, beispielsweise in Kleinasien. Im Vergleich zur Wildrebe entwickeln die Kulturreben, die man meist als eigene Unterart oder auch als Art auffasst, viel dickere Zweige, stärker behaarte Blätter und wesentlich größere, saftreichere Beeren in vielen Farbnuancen. Man kennt heute über 3000 verschiedene Rebsorten, von denen aber nur etwa 100 in größerem Umfang angebaut werden. Die sichere Ansprache der zugelassenen Rebsorten nur nach Blatt- und Fruchtmerkma-

Rebfluren in Kanada am Lake Okanagan (Alberta)

Die Chardonnay-Rebe wurde von Frankreich weltweit verbreitet.

len ist recht schwierig und nur mit großer Erfahrung möglich. Bei den in Deutschland angebauten Sorten (etwa 30) sind die vielerorts eingerichteten Weinlehrpfade hilfreich, die jeweils die Leitsorten der betreffenden Weinbaulandschaft genauer vorstellen, beispielsweise Riesling an Rhein und Mosel, Gutedel, Lemberger und Trollinger in Baden-Württemberg, Spätburgunder und Portugieser an der Ahr.

Weinbau ist längst nicht mehr nur eine traditionell europäische Angelegenheit, sondern fallweise schon vor Jahrhunderten auch in buchstäblich exotische Regionen verlagert worden. Die Weinbauländer außerhalb Europas und Vorderasiens fasst man unter dem Sammelbegriff „Neue Welt" zusammen, der sich nicht mit der geographischen Bezeichnung für die beiden Amerikas deckt. Zur neuen Weinwelt gehört daher neben Australien und Neuseeland auch Südafrika.

Aus dieser Neuen Welt gelangen nicht nur harmlose Konsumweine zu Tiefstpreisen auf den europäischen Markt, sondern vielfach auch sehr bemerkenswerte Produkte äußerst verfeinerter Weinstile. Auf fast allen Kontinenten baut man jedoch Rebsorten an, die ihren Ursprung überwiegend in den klassischen Weinbauregionen Europas haben. Die wichtigsten in der Neuen Welt angebauten weißen (w) und roten (r) Rebsorten sind:

> **Chardonnay** (w): stammt aus dem Burgund, entwickelt feine Blütenaromen und eine leichte Vanille-Note, kann aber auf schlechten Böden und bei fantasielosem Ausbau auch nichts sagend ausfallen;

> **Chenin blanc** (w): kommt von der Loire, liefert sehr trockene, harmonische, gut reifende und lange lagerfähige Weine;

> **Grenache** (r): ursprünglich nur in Spanien kultiviert und in Mitteleuropa immer noch wenig bekannt, ob-

Der Zinfandel geht auf die italienische Rebe Primitivo zurück.

wohl er heute auf Rang 2 der Rebbe-stockungsstatistik steht, ergibt auch auf kargen Böden große Weine von beachtlicher Komplexität;

> **Carmenière** (r): alte Rebsorte aus der Bordeaux-Gegend, im Ursprungs-gebiet heute nahezu bedeutungslos, aber in Chile (wo man sie jahrzehnte-lang für Merlot hielt) großflächig kul-tiviert und zu großartigen Weinen ausgebaut;

> **Cabernet Sauvignon** (r): bedeu-tende Rebsorte für große Weine von Bordeaux-Charakter, ging aus einer Kreuzung der beiden Reben Cabernet franc und Sauvignon blanc hervor und ist seit dem 18. Jahrhundert die Leitrebe in SW-Frankreich; spät rei-fende Sorte mit typischer Johannis-beer- bzw. Cassis-Note;

> **Merlot** (r): stammt wie der Caber-net Sauvignon aus SW-Frankreich und ist heute weltweit die dritthäu-figste angebaute Rebsorte für Rot-wein, zeichnet sich durch vielschich-tige, etwas pflaumenwürzige Frucht-Noten aus und bringt auch auf mittelmäßigen Böden hervorragende Ergebnisse; kleinere Anteile von Mer-lot nimmt man gerne auch zum Ver-schnitt, denn seine Eigenart tritt in ei-ner Cuvée kaum hervor, gibt dem Wein aber dennoch Rundheit und Fülle;

> **Syrah (Shiraz)** (r): sehr noble, ver-mutlich aus dem Zweistromland stammende Rebsorte, die in Frank-reich fast nur an der Rhône angebaut wird, aber das Bild der australischen Rotweine beherrscht – auf dem fünf-

ten Kontinent wird die Rebe seit 1832 und in den letzten Jahrzehnten in großem Umfang kultiviert (nur hier Shiraz genannt);

› **Zinfandel** (r): genetisch identisch mit dem aus Süditalien stammenden Primitivo und weiteren, nur kleinräumig angebauten Reben anderer Bezeichnung, in den USA vor allem in Kalifornien seit den Tagen des Goldrauschs angebaut, bringt etwas rustikale Weine mit durchaus beeindruckenden Frucht-Noten hervor.

Neben dem Shiraz in Australien dominieren diese Reben die folgenden Weinbaulandschaften der Neuen Welt:

› **Chile**: Cabernet Sauvignon, Merlot, Carmenière

› **Kalifornien**: Chardonnay, Cabernet Sauvignon, Merlot, Zinfandel

› **Neuseeland**: Sauvignon blanc, Chardonnay, Merlot

› **Südafrika**: Chenin blanc, Chardonnay, Cabernet Sauvignon, Merlot und Pinotage (1925 entwickelte Kreuzung aus den Reben Spätburgunder/Pinot noir und Cinsault, der in Frankreich

Merlot ist eine der führenden roten Rebsorten.

meist zu Rosé verarbeitet wird). Kaum eine andere kommerziell kultivierte Frucht gibt es in einer vergleichbar breiten Produktpalette von enormer kultureller Verfeinerung. Angesichts dieser Fülle fällt die Entscheidung für die eine oder andere Weinherkunft naturgemäß schwer. Was letztlich zählt, sind das subjektiv geschmackliche Ergebnis und Erlebnis, und beide sind auch durch die Beteuerungen von Gourmet-Zeitschriften nicht normierbar.

KüchenTipp

Durch Trocknung gewinnt man aus speziellen Rebsorten, die meist als Tafeltrauben und nicht für die Weinproduktion verwendet sind, Rosinen – aus hellen, meist kernlosen Weinbeeren die Sultaninen, aus roten die Korinthen. Trester oder Treber nennt man die Rückstände, die nach dem vorsichtigen Auspressen (Keltern) der Weinbeeren verbleiben. Sie enthalten noch gewisse Mengen löslicher Stoffe, die man auslaugen und separat vergären kann. Das Ergebnis sind Tresterweine, aus denen man durch Destillation Tresterbrannt-weine gewinnt. In Frankreich nennt man sie Marc, in Italien Grappa, in Portugal Bagaceira und in Griechenland Tsipouro.

Traubenkernöl gewinnt man durch Auspressen der mechanisch von den Kelterrückständen abgetrennten Samen der Weinbeeren. Dieses hochwertige Speiseöl weist einen hohen Gehalt an wertvoller Linolsäure auf.

Gemüse

Winterzwiebel, Lauchzwiebel

Allium fistulosum Zwiebelgewächse *(Alliaceae)*

H bis 0,5 m Staude

International:
cebolleta (E), ciboletta (I),
ciboule (F), spring onion (GB)

Merkmale Winterfeste, meist aber nur einjährig gezogene Staude mit kräftigen, grünen, an der Basis bleichen, etwa 1 cm breiten und bis 30 cm langen Röhrenblättern; Zwiebelorgan länglich und meist nur wenig ausgeprägt; Blüten weiß, in dichten Köpfen; alle Teile riechen nach Zerreiben sehr kräftig nach Knoblauch.

Herkunft und Verbreitung Die früher zu den Liliengewächsen und heute in eine eigene Familie gestellte Art stammt ursprünglich aus Sibirien bzw. W- und Zentral-China. Sie ist daher im Gegensatz zu ihren aus den Wärmegebieten stammenden Verwandten auch in M-Europa frosthart, so dass sie auch bei uns in Gartenkultur gedeiht. Die Pflanze ist nur aus der Kultur bekannt und stellt die wichtigste Gartenzwiebel in O-Asien dar. In N-Amerika verwendet man auch eine Kreuzung mit der echten Küchen-Zwiebel *(A. cepa)*.

Verwendung In Asien ist die auch Winterheck-, Frühlings- und Bundzwiebel genannte Art die am weitesten verbreitete Zwiebel-Art und in vielen regionalen Küchen außerordentlich geschätzt. Man verwendet die frisch etwas penetrant riechenden Röhrenblätter zum Würzen ähnlich wie Schnittlauch *(Allium schoenoprasum)*, aber auch als Suppeneinlage, als Gemüse oder als Füllung in einer Abwandlung der berühmten Quiche lorraine (vgl. KüchenTipp). Nach dem Garen verliert sich der kräftige und für manche etwas strenge Geruch, und es bleibt in den Speisen ein sehr feines, knoblauchähnliches Aroma.

Wissenswertes Unter der Bezeichnung Frühlingszwiebel sind gelegentlich auch die Blattorgane gänzlich anderer *Allium*-Arten im Handel, darunter schmalblättrige Formen des Porrees *(A. porrum)* oder kleine Rassen der Küchen-Zwiebel *(A. cepa)*, die sich aber beide geschmacklich von der hier vorgestellten Art stark unterscheiden. Die oft mit den Frühlingszwiebeln begrifflich in Zusammenhang gebrachten Perlzwiebeln, die man für Schaschlikspießchen oder in Mixed Pickles verwendet, sind ebenfalls eine besondere Zuchtform der heute formenreich auf den Märkten vertretenen Küchen-Zwiebel. Die Germanen lernten die Verwendung der Zwiebel-Arten von den Römern kennen. Entsprechend leitet sich ihr Wort „Zwiebel" für diese Nutzpflanzen vom lateinischen *cepula* für kleine Zwiebel ab.

Nach botanischen Kriterien versteht man unter Zwiebel nicht nur Nutzpflanzen, sondern die besondere Form eines Überwinterungsorgans: So betrachtet stellt die Zwiebel einen Spross mit stark verkürzter und schei-

Typisch für alle Zwiebeln: kleine Blüten in kopfigen Blütenständen

benartiger Sprossachse dar (= Zwiebelteller), der in dichter Packung verdickte und mit Reservestoffen angefüllte Blätter (= Zwiebelschuppen) trägt. Die äußeren, häutigen, bräunlichen Zwiebelschalen sind eingetrocknete Schuppenblätter. Mit Beginn der Vegetationsperiode wachsen sie zu röhrigen Laubblättern aus – ein in der Natur sonst nur sehr selten vertretener Blattbautyp.

KüchenTipp

Lauch-Quiche (Lothringer Lauch-Schinken-Käse-Torte): Sofern man nicht gleich Hörnchen-Fertigteig verwendet, 125 g Butter, 200 g Mehl, 3 EL Wasser, etwas Salz und Pfeffer zu einem Teig verkneten und etwa 1 h lang kühl ruhen lassen, anschließend damit eine ofenfeste Form auskleiden. Für den Belag 1 Bund Lauchzwiebeln in kleine Stückchen schneiden und kurz blanchieren, 300 g rohen Schinken würfeln, 1 Knoblauchzehe zerquetschen; diese Zutaten miteinander verrühren, gleichmäßig auf dem Teig verteilen und mit 200 g geriebenem Edamer Käse bestreuen. Zuletzt eine Mischung aus 3 Eiern, 150 ml Schlagsahne und 4 EL gehackten Kräutern (Petersilie, Schnittlauch) über den Teig gießen. Im Ofen ca. 60 min bei 200 °C backen. Als Vorspeise warm servieren.

Knoblauch

Allium sativum Zwiebelgewächse *(Alliaceae)*

H bis 0,7 m   Staude

International:
ajo (E, P), aglio (I), ail (F), garlic (GB)

Merkmale Einjährige, in Wärmegebieten auch mehrjährig gezogene Staude mit 1–2 cm breiten, flachen, zugespitzten, leicht graugrünen Blättern und zahlreichen Blüten in endständigen Dolden. Knoblauch ist im Unterschied zur Küchen-Zwiebel keine Schalenzwiebel mit ineinander geschachtelten Speicherblättern, sondern besteht aus zahlreichen „Zehen". Jede der stumpfkantigen, fleischigen Zehen besteht aus einem verdickten Niederblatt, das von einem weißen, häutigen Hüllblatt umschlossen wird, und entspricht damit einer Beiknospe oder Tochterzwiebel. Jeweils 3–5 dieser Zehen werden noch einmal von einem weißen, trockenhäutigen Blattorgan umhüllt. Von ihnen geht das Wachstum der folgenden Saison aus, während die ursprüngliche Zentralzwiebel sich verbraucht. Viele der heute angebauten Sorten blühen nicht mehr.

Herkunft und Verbreitung Ursprünglich in Zentralasien beheimatet, heute jedoch fast weltweit von den Tropen bis in die gemäßigten Klimate kultiviert. Das größte Anbaugebiet (ca. 6000 Hektar) liegt im Santa-Clara-Tal in Kalifornien rund um die Stadt Gilroy.

Verwendung Ungekocht schmeckt getrockneter Knoblauch beinahe beißend scharf, frisch ist die Pflanze etwas milder. Beim Verarbeiten der Knoblauchzehen entsteht durch Spaltung eines in den Geweben gespeicherten Inhaltsstoffes das antibiotisch wirksame Allicin, wobei dessen Umwandlungsprodukte (Diallyldisulfid und Diallyltetrasulfid) sehr durchdringende und nicht allgemein geschätzte Verbindungen darstellen, die nach reichlichem Knoblauchgenuss auch über die Haut ausgeschieden werden. Als Gewürz passt Knoblauch zu Fleischgerichten (Huhn, Lamm), zu Wurzelgemüsen und zu allem Pikanten. In Asien verwendet man ihn zusammen mit Zitronengras, Ingwer, Koriander und Sojasauce. Aus zerstoßenem Knoblauch bereitet man in der mediterranen Küche zusammen mit Eigelb und Öl eine Aioli oder mit Pinienkernen und Basilikum ein Pesto.

Frischer Knoblauch ist im Kühlschrank bis zu 2 Wochen haltbar. Getrocknete Zwiebeln bewahrt man bei niedriger Luftfeuchtigkeit ebenfalls am besten gekühlt auf (Lagerzeit bis 7 Monate). Oberhalb 4–8 °C keimen die Zwiebeln eventuell – deshalb nicht in der Nähe des Küchenherdes lagern.

Wissenswertes Die feste Schale der Knoblauchzehen lässt sich leichter entfernen, wenn man sie mit der Klinge eines schweren Messers unter Druck setzt. Nach dem Schälen kann man die Zehen leicht in einem Mörser zerstoßen. Eine ganze, in Öl gedünstete Zehe teilt den Speisen ein angenehmeres Aroma mit als eine zerstoßene. Knoblauch darf beim Dünsten niemals anbrennen, sonst schmeckt er extrem bitter und scharf.

Außer als Küchengewürz schätzt man seit Jahrtausenden die auch wissenschaftlich erwiesene medizinische Wirkung von Knoblauch.

KüchenTipp

Tsatsiki (Griechischer Knoblauchquark): Für 6 Portionen benötigt man 1200 g Magerquark, 500 g Natur-Vollmilchjogurt, 5 EL Olivenöl, 3 EL Kräuteressig, 1 Salatgurke, 4 Knoblauchzehen, Salz und Pfeffer. Salatgurke schälen, auf einer Reibe raspeln und abtropfen lassen und leicht ausdrücken. In der Zwischenzeit Quark, Jogurt, Olivenöl und Kräuteressig in einer großen Schüssel glatt verrühren, eventuell zur Verbesserung der Konsistenz etwas Milch hinzugeben. Knoblauchzehen schälen und fein hacken, zusammen mit der geraspelten Gurke unter die Quark-Jogurt-Masse heben, mit Salz und Pfeffer abschmecken und mit einem Dill-Zweig garnieren. Vor dem Servieren mindestens 3 h ziehen lassen, besser sogar über Nacht. Zur Tsatsiki warmes Fladenbrot oder Baguette reichen. Bei der Rhodos-Variante gibt man zusätzlich etwa 2 cl Ouzo in die Quark-Jogurt-Masse.

Brotfrucht

Artocarpus communis (A. altilis) Maulbeerbaumgewächse *(Moraceae)*

H bis 12 m   Baum

International: fruta del pan (E), fruta pão (P), frutto del pane (I), fruit à pain (F), breadfruit (GB)

Merkmale Immergrüner, breitkroniger Baum mit kräftigem, bis 80 cm dickem Stamm; Blätter wechselständig, im Umriss elliptisch, fiederspaltig gelappt, bis 80 cm lang und 50 cm breit, oberseits glänzend dunkelgrün, unterseits rauhaarig; männliche und weibliche Blüten getrennt in kolbenförmigen Ähren; der weibliche Blütenstand bildet einen bis 2 kg schweren fleischigen Nussfruchtverband mit stärkehaltigem Fruchtfleisch und (sortenabhängig) kastaniengroßen Nüssen. Alle Teile führen Milchsaft.

Herkunft und Verbreitung Heimisch im malaysischen Archipel und in Polynesien, in den Tropen heute vielfach kultiviert.

Verwendung Die Brotfrucht ist in den äquatornahen Tropenregionen ein bedeutendes Grundnahrungsmittel. Die samenlosen Früchte werden geschält in Würfeln oder in Scheiben geschnitten wie Kartoffeln zubereitet und schmecken nussig. In SO-Asien legt man das Fruchtfleisch süßsauer ein. Getrocknet und gemahlen lässt sich die Frucht zu Gebäck verarbeiten. Die Nüsse der Samen führenden Sorten (= Brotnüsse) verwendet man wie Maronen.

Wissenswertes Der Fruchtverband entspricht einer riesigen Maulbeere. Die Bäume gedeihen nur im heißen, niederschlagsreichen Äquatorialklima. Im Jahre 1793 importierte man junge Brotfruchtbäume aus SO-Asien nach Jamaika – diese denkwürdige Seereise wurde durch die literarisch wie filmisch verarbeitete „Meuterei auf der Bounty" berühmt.

Garten-Melde, Bergspinat, Spanischer Salat
Atriplex hortensis Gänsefußgewächse *(Chenopodiaceae)*

H bis 2 m Staude

International:
armuelle (E), bietolone rosso (I),
arroche (F), orache (GB)

Merkmale Einjährig gezogene Pflanze mit aufrechtem, verzweigtem Stängel; Blätter wechselständig, gestielt, 3-eckig, an der Basis keilförmig, oberseits mattgrün, unterseits (sortenabhängig) mehlig-weißlich; Blüten unscheinbar grünlich, zahlreich in Rispen.

Herkunft und Verbreitung
Ursprünglich im nördlichen Indien (Vorland des Himalaja), seit der Antike auch den Griechen und Römern bekannt und im Mittelmeergebiet häufig kultiviert, heute in Europa in Vergessenheit geraten, aber in S-Asien immer noch eine bedeutsame Gemüsepflanze aus der engsten Verwandtschaft des Spinats.

Verwendung Die Garten-Melde, früher regional auch Spanischer Salat genannt, hat einen milden, dem Spinat ähnlichen Geschmack und wird genauso als Gemüse zubereitet. Im Unterschied zum nahe verwandten Spinat, der die Pflanze in M-Europa fast vollständig aus dem Anbau verdrängt hat, enthält sie jedoch keine Oxalsäure und ist daher verträglicher. In Asien isst man die Blätter einschließlich der Blattstiele auch roh als Salat.

Wissenswertes Die hinsichtlich der Bodenqualität relativ anspruchslose Garten-Melde, die fast das ganze Jahr über zu ernten ist, vermehrt sich im Garten auch durch Selbstaussaat und hat daher auch Eingang in die heimische Wildkrautflora gefunden. Man findet die Pflanze gelegentlich an Schutt- und Abfallstellen oder an Wegrändern.

Brokkoli, Spargelkohl

Brassica oleracea Kreuzblütengewächse *(Brassicaceae)*

H bis 1 m Staude

International:
braculi, bróccoli (E),
broccoli (I, F, GB)

Merkmale Einjährig gezogene Gemüsepflanze mit dickfleischigen, leicht graugrünen bis bläulich überlaufenen Blättern und dicken, fleischigen Sprossachsen.

Herkunft und Verbreitung Ursprünglich im Vorderen Orient, zum heutigen Sortenbild jedoch im europäischen Teil des Mittelmeergebietes entwickelt. Vor allem in Italien und Frankreich kultiviert, zunehmend auch nördlich der Alpen.

Verwendung Geerntet werden beim Brokkoli zunächst die ungefähr 20 cm langen endständigen Blütenstände. Aus den blattachselständigen Seitensprossen entwickeln die Pflanzen meist noch eine zweite Ernte mit kleineren Blütenständen, die ungefähr 3 Wochen später zur Verfügung stehen. Die Blütenstände werden als Frischgemüse angeboten, wegen der Empfindlichkeit des Erntegutes aber häufig auch tiefgekühlt. Tiefgefroren ist er ohne Aromaverlust auch über längere Zeit zu lagern. Brokkoli wird gekocht und als Gemüse verzehrt oder nach dem Garen auch kalt in Gemüsesalaten verwendet. Sein feiner Geschmack erinnert an Blumenkohl und auch etwas an Spargel (daher auch Spargelkohl genannt). Außer den Blütenständen, die man im Handel auch Brokkoliröschen nennt, kann man auch die fleischigen Blütenstandsachsen wie Spargel zubereiten.

Wissenswertes Der vollständige wissenschaftliche Name des Brokkoli lautet *Brassica oleracea* ssp. *oleracea* convar. *botrytis* var. *italica* – ein

Schleppzug, der jeden (Hobby)Koch abschrecken würde, wenn er ihn so in seiner Kochliteratur vorfände. Zum Glück geht die einfache, aus dem Italienischen abgeleitete Bezeichnung ebenso locker von der Zunge wie eine gelungene Zubereitung. Brokkoli ist neben Blumenkohl eines der wenigen Beispiele dafür, dass der Mensch auch darauf kam, komplette Blütenstände nutzbarer Arten zur Kulturpflanze zu entwickeln, wobei die Nutzung immer vor der Entfaltung der Blüten erfolgt. Mit dem Brokkoli verzehrt man also im Grunde genommen eine stark verdichtete Ansammlung immer noch grüner Blütenknospen. Manche Fachleute fassen den Brokkoli als gestaltliche Vorstufe zum Blumenkohl auf, andere wiederum als dessen Fortentwicklung. Die Pflanze stammt wie alle übrigen Kohl-Rassen (Butterkohl, Grünkohl, Kohlrabi, Markstammkohl, Rosenkohl, Rotkohl, Weißkohl, Wirsing) vom Wild-Kohl *(B. oleracea)* ab, einer in den Klippen der Meeresküsten vorkommenden Art. In Deutschland hat sie ihren einzigen Wuchsort auf Helgoland. Wenn man die Blütenstände durchtreiben lässt, entfalten sie die für Kohl typischen stark ver-

Blütentand fast blühbereit

zweigten Rispen mit etwa 1 cm breiten, schwefelgelben Blüten. Diese sind jedoch im Unterschied zum Blumenkohl meist fertil.

Innerhalb der zahlreichen Kohlgemüse-Sorten ist der Brokkoli eine zunehmend beliebte Delikatesse. Trotz seiner Formähnlichkeit mit dem Blumenkohl sind die Garzeiten kürzer – etwa 10–15 Minuten genügen. Bei längerem Kochen wird er zu weich und verliert an Geschmack. Vor dem Zubereiten legt man die Röschen für eine halbe Stunde in Salzwasser.

Für die eigene Gartenkultur sind vor allem die für das etwas kühlere mitteleuropäische Klima geeigneten Sorten 'Atlantic' und 'Futura' zu empfehlen. Man sät ab Ende Februar unter Glas oder ab Ende April im Freiland aus. Die vereinzelten Jungpflanzen kommen ins Beet, wenn sie etwa 10 cm hoch sind (meist etwa 6 Wochen nach Aussaat). Die Kultur ist an sonnigen und halbschattigen Standorten möglich. Der Boden muss locker sein, über reichlich Nährstoffreserven verfügen (ausreichend gereiften Kompost verwenden) und Wasser speichern können.

Chinakohl, Pekingkohl, Schantungkohl

Brassica rapa ssp. *pekinensis* Kreuzblütengewächse *(Brassicaceae)*

H bis 0,5 m   Staude
International: col de China (E),
cavolo cinese (I), chou de Chine (F),
Chinese cabbage (GB)

Merkmale Einjährig kultivierte krautige Pflanze ähnlich wie bei den Kopfkohl-Formen mit unverzweigter, stark gestauchter Sprossachse; Blätter länglich-oval, aufrecht, wellig-faltig bis kraus, nur im äußeren Bereich des locker gefügten Kopfes grün, nach innen bleich, mit kräftigem, auffällig verbreitertem, weißlichem Blattstiel, der sich in eine starke Mittelrippe fortsetzt.

Herkunft und Verbreitung Ursprünglich in S- und Zentralchina, dort schon seit dem 5. Jahrhundert vielfach im Anbau, in Europa und N-Amerika erst seit dem frühen 20. Jahrhundert bekannt, seither zunehmend auch bei uns in Gärten kultiviert.

Verwendung Die Blätter werden frisch als Salat, gekocht als Gemüse gegessen. Oft nimmt man auch nur die kräftige Mittelrippe nach Zubereitung wie Spargel als Gemüse. In Korea bereitet man daraus das außerordentlich beliebte Kimchi zu, ein traditionelles, süßlich-scharf schmeckendes Gemüse, das am ehesten unserem Sauerkraut vergleichbar ist. Man gewinnt es durch mehrmonatiges Vergären von Chinakohl-Blättern zusammen mit Rettich und Zwiebeln. Chinakohl ist deutlich leichter verdaulich als die üblichen Kohl-Sorten und zeigt sich auch im Geschmack wesentlich milder.

Wissenswertes Chinakohl, bei uns gelegentlich auch als Selleriekohl bezeichnet, ist eine der wichtigsten Gemüsepflanzen Chinas und wird in seinem Ursprungsland in zahlreichen Sorten mit langen oder rundlichen, mehr oder weniger geschlossenen Köpfen angebaut. Auf unseren Märkten sieht man davon meist nur die schlanken, meist länglich-keulenförmigen Varianten mit relativ glatten Blättern. Bei guter Düngung und wuchsförderndem Klima kann ein einzelner Chinakohlkopf bis zu 2 kg schwer werden.

Botanisch gehört der Chinakohl in die gleiche Gattung *Brassica* wie die in Europa schon lange bekannten Kohl-Sorten, gilt jedoch als Varietät einer ganz anderen Linie, deren Kulturformen unter dem Namen Rübsen, Weiße Rübe, Wasserrübe oder Stoppelrübe *(B. rapa)* bekannt sind. Früher baute man diese Kulturpflanze nur als Viehfutter an, heute stehen mehrere Sorten als Gemüse taugliche Sorten zur Verfügung. Nach verbreiteter Einschätzung könnte die Entstehung aber noch komplizierter sein, denn vermutlich ist auch eine in Zentralasien beheimatete Wildkohlart am Erbbild beteiligt. Manche Autoren grenzen auch den Schantungkohl

Auch den Chinakohl kann man als kompakte Superknospe auffassen.

(B. pekinensis) als eigenständige Art ab.

Im Unterschied zu den zahlreichen Kopfkohl-Sorten (Spitz-, Wirsing-, Rotkohl) ist der Chinakohl bemerkenswert leicht verdaulich und daher schonkostgeeignet. Nach der Ernte sind die Pflanzen anders als viele ihrer Verwandten nicht besonders lange lagerfähig und sollten frisch zubereitet werden.

KüchenTipp

Gefüllter Chinakohl: Köpfe quer halbieren, die unteren Hälften aushöhlen, innen mit Salz und Pfeffer würzen und mit kräftig gewürztem Hackfleisch füllen, mit feinem Faden zubinden und in einer Mischung aus Wasser, Olivenöl und trockenem Weißwein gar dünsten, anschließend mit geriebenem Parmesankäse bestreuen und nochmals kurz überbacken; den Fond mit Tomatenmark und etwas Basilikum, Ingwer und Piment zu einer Sauce verkochen und zusammen mit Salzkartoffeln servieren.

Chinakohl-Salat: In feine Streifen geschnittene Blätter zusammen mit geraspelten Äpfeln, Mohrrüben, Staudensellerie, Ananasstückchen und fein gehackten Nüssen (Walnuss, Cashewnuss, Pekannuss) untermischen und mit einem Dressing aus Olivenöl, Zitronensaft, wenig Pfeffer und etwas Currypulver anmachen.

Gemüse-Paprika, Gewürz-Paprika

Capsicum annuum Nachtschattengewächse *(Solanaceae)*

H bis 1,5 m Staude

International: pimiento (E), pimen-tão (P), peperone (I), poivron, piment doux (F), red (sweet) pepper (GB)

Merkmale Mehrjährige, meist aber nur einjährig kultivierte Staude mit aufrechten, verzweigten Stängeln; Blätter wechselständig, glattrandig, gestielt, spitz eiförmig, bis 10 cm lang und 5 cm breit, matt dunkelgrün; Blüten grünlich weiß bis gelblich, meist einzeln in den Blattachseln, mit blau-violetten Staubblättern. Beerenfrucht (Paprika „schote") fleischig, in Größe und Färbung sortenabhängig sehr variabel.

Herkunft und Verbreitung Kolumbus brachte den in seiner Heimat Mittelamerika bzw. Karibik schon lange kultivierten Paprika 1514 nach Spanien mit. Zunächst verwendete man ihn hier als Zierpflanze. Erst seit dem 17. Jahrhundert wurde er von der Iberischen Halbinsel aus über alle Kontinente verbreitet und zu einem unübersichtlichen Sortenbild weitergezüchtet. In Deutschland kennt man Gemüse-Paprika erst nach 1945. Hauptanbaugebiete der bei uns gehandelten Früchte sind die Mittelmeerländer.

Verwendung Innerhalb der Art *Capsicum annuum* unterscheidet man zwei grundverschiedene Formenkreise: Aus Mexiko stammt der Gewürz-Paprika mit schlanken, kegelförmigen und meist leuchtend roten Früchten, der als Scharfmacher ebenso wirksam ist wie die nahe verwandte, als Chili bezeichnete Art (*C. frutescens*, vgl. S. 221). In der Küchenpraxis wird zwischen diesen beiden Gewürzen botanisch nicht immer unterschieden. Dagegen fehlt dem Gemüse-Paprika mit seinen grünen, gelben oder hochroten und meist stärker wulstig-rundlichen Beerenfrüchten der beißend scharf schmeckende Inhaltsstoff Capsaicin weitgehend. Man verwendet die Frucht daher als mild und etwas süßlich schmeckendes Gemüse, wobei die reif gelben und roten Sorten wesentlich bekömmlicher und aromatischer sind als die grünen, die außerdem meist unreif geerntet werden. Die Früchte des Gemüse-Paprika werden auch roh oder nach kurzem Blanchieren in Salaten verwendet.

Wissenswertes Obwohl der (Gewürz-)Paprika mit dem Pfeffer nicht einmal entfernt verwandt ist, bezeichnet man die überdies auch noch unkorrekt als Schoten gehandelten Früchte zusammen mit den Chilis (S. 221) als Spanischen Pfeffer oder fallweise auch als Cayennepfeffer. Bekannte und nicht nur in der Karibik beliebte Sorten aus dem typenreichen Formenkreis *Capsicum annuum* sind Jalapeño (grasgrün, an der Spitze abgerundet, mittelscharf), Chipotle (geräucherter Jalapeño, braun, runzlig, lederig), Cascabel (kirschrund, schwarzrot, mittelscharf, geröstet oder getrocknet für Salsas) und Guajillo (mit kurzer Spitze, kastanienbraun, schmeckt säuerlich-bitter, meist in Eintöpfen verwendet).

Aus der bemerkenswert vitaminhaltigen Gemüse-Paprika hat der ungarische Biochemiker A. Szent-Györgyi (Nobelpreis 1937) im Jahre 1926 erstmals Vitamin C (Ascorbinsäure) in reiner Form isoliert.

Paprika ist das einzige Gemüse, das dieses sonst eher für Obst typische Vitamin in nennenswerten Mengen enthält und darin die meisten Obstarten sogar übertrifft.

Beachtliche Formenfülle: Natur und Züchtung lassen nichts unversucht.

Knorpeltang

Chondrus crispus Knorpeltanggewächse *(Gigartinaceae)*

H bis 0,2 m Rotalge

International:
mousse d'Irlande (F),
Irish moss (GB)

Merkmale Purpur- bis braunrote, manchmal sogar schwärzlich erscheinende Meeresrotalge, dicklichknorpelig, mehrfach gabelig verzweigt, Stielabschnitt an der Basis fast drehrund, nicht rinnig eingefaltet, Hauptteil im Umriss rundlich-fächerförmig, in den Hauptachsen flächig, an den Enden häufig kraus, aber alle Verzweigungen in einer Ebene.

Herkunft und Verbreitung Wächst mit einer kleinen Haftscheibe befestigt bestandsbildend und häufig auf Felsen und größeren Steinen in der Gezeitenzone der Atlantikküsten NW-Europas, südlich bis Marokko.

Verwendung Früher wurden die getrockneten Algen zusammen mit Ei-bisch, Thymian und weiteren Heilpflanzen in Hustentees gegen Bronchitis verwendet. Traditionell bildet diese charakteristische Rotalge im keltisch geprägten NW-Europa (Bretagne, Wales, Schottland, Irland) eine wichtige Nahrungsergänzung der Küstenbewohner. Heute verwendet man die gelatineartigen Zellwandbaustoffe, die Carragheenane, dieser und nahe verwandter Rotalgenarten als Dickungsmittel für Suppen, Saucen und Sülzen oder in anderen lebensmitteltechnischen Bereichen.

Wissenswertes In Irland nennt man diese Alge „Carragheen" nach einem Küstendorf, wobei sich diese Bezeichnung von den gälischen Wörtern *carraig* für Fels und *gheen* für rote Haare ableitet. Der englische Name *Irish moss* ist insofern irreführend, weil diese Alge mit den Moosen nicht verwandt ist und man darunter auch eine in der Parfümerie verwendete Flechtenart versteht.

Nach den industriell für verschiedene Lebensmitteltechnologien in großen Mengen gewonnenen Carraghenanen nennt man die Rotalgen aus dem Verwandtschaftskreis des Knorpeltangs auch Carragheenophyten. Sie spielen in Norwegen und Frankreich, aber auch in Kanada wirtschaftlich eine bedeutende Rolle. Die völlig geschmacksneutralen Carragheenane können vom menschlichen Körper nicht aufgeschlossen werden und sind daher unter anderem auch als Ballaststoffe von besonderem Interesse. Chemisch nahe verwandt sind sie mit dem Agar, den Mikrobiologen seit Robert Kochs Zeiten als Nährboden für Bakterienkulturen verwenden. Auch Agar ist für uns unverdaulich.

Ernte in der Gezeitenzone: Knorpeltang sackweise von Hand gesammelt

---

KüchenTipp

Knorpeltang-Suppe (Bretagne, Irland)

Für 4 Portionen benötigt man 1 Tasse getrockneten, zerkleinerten Tang, 3 Scheiben Speck (in feine Streifen geschnitten oder gewürfelt), 450 g Mohrrüben (gewürfelt), 3 Sellerieknollen (gewürfelt), 1 l Wasser, etwas Thymian, Salz und Pfeffer.

Zubereitung: Knorpeltangstückchen etwa 30 min lang in Wasser einweichen und hart bleibende Teile aussortieren; dann zusammen mit allen übrigen Zutaten etwa 45 min lang in Wasser garen, anschließend im Mixer pürieren und mit Gewürzen abschmecken.

Knorpeltang-Pudding (aus Schottland)

Für 4 Portionen benötigt man 10 g getrockneten Tang, $\frac{1}{2}$ l Milch, 12 g Zucker, 1 Ei, 1 Zitrone.

Zubereitung: Tangstücke etwa 30 min lang vorweichen und anschließend mit etwas geriebener Zitronenschale in Milch kurz aufkochen und so lange erhitzen, bis die Mischung eingedickt ist. Dann Eigelb und Zucker einrühren. Eischnee schlagen und in die noch warme Mischung einrühren, diese in kleine Schalen gießen. Nach dem Steifwerden (benötigt etwa 2–3 h) stürzen und mit Früchten (Himbeeren o. a.) servieren.

Kichererbse

Cicer arietinum Schmetterlingsblütengewächse *(Fabaceae)*

H bis 0,5 m Kraut

International:
garbanzo (E), ceci (I), pois chiche (F), chick pea (GB)

Merkmale Einjähriges, buschiges Kraut mit aufrechten, behaarten Stängeln; Blätter wechselständig, unpaarig gefiedert, 5–8 Paar Fiedern schmaloval, gezähnt, spitz; Blüten weißlich, rötlich oder hellblau, einzeln lang gestielt in den Blattachseln; Hülse aufgebläht, spitz, bis 3 cm lang, behaart, mit jeweils 1–3 erbsenähnlichen, hell- oder dunkler braunen Samen.

Herkunft und Verbreitung Die Kichererbse ist nur aus der Kultur bekannt; ihre Stammformen sind wohl im mittleren Asien (Irak) beheimatet. Heute vor allem in Indien und Pakistan sowie stellenweise im Mittelmeergebiet (Spanien, Griechenland) angebaut.

Verwendung Die runzlig-kantig aussehenden Kichererbsen schmecken roh etwas herb und leicht bitter. Getrocknete Kichererbsen weicht man vor der Zubereitung über Nacht ein und verwendet sie als Püree, Gemüse, in Eintöpfen und im Couscous, eventuell zusätzlich gewürzt.

KüchenTipp

Falafel oder Felafel ist ein im Orient weit verbreitetes Gericht. Man verarbeitet gemahlene Kichererbsen mit fein gehackten Zwiebeln, Kräutern und Gewürzen, Hefe oder Backpulver zu einem Teig, formt daraus kleine Bällchen, bäckt sie in Öl aus und isst sie zusammen mit Salat.

Tellerkraut, Kubaspinat, Winterportulak

Claytonia perfoliata Portulakgewächse *(Portulacaceae)*

H bis 0,25 m Kraut

International:
ayote (E), lenticchia (I), claytone de Cuba (F), miner's lettuce (GB)

Merkmale Einjährige Pflanze mit leicht fleischigen, verzweigten Stängeln; Blätter der Grundrosette lang gestielt, elliptisch-rautenförmig, gegenständige Stängelblätter rundlich und an der Basis paarweise miteinander verwachsen; Blüten klein, weiß, blattachselständig.

Herkunft und Verbreitung Die Pflanze stammt trotz ihres Namens nicht aus der Karibik, sondern aus der pazifischen Küstenregion N-Amerikas (Kalifornien bis Alaska), während sie in Kuba nur eingebürgert ist. Von hier wurde sie allerdings im 19. Jahrhundert nach Europa eingeführt und unter der Bezeichnung Kubaspinat früher häufiger als Gartenpflanze gezogen. Die Nachkommen gartenflüchtiger Exemplare finden sich mitunter in Parkanlagen oder auf den Baumscheiben von Straßenbäumen.

Verwendung Die frische, mineralstoff- und vitaminreiche Pflanze (Blätter und Stängel) verwendet man wie Rapunzel als Salat. Sie zeichnet sich durch einen milden, angenehm nussartigen und leicht säuerlichen Geschmack aus. Alternativ kann man sie wie Spinat auch als Gemüse zubereiten.

AnzuchtTipp

Tellerkraut im August aussäen (Lichtkeimer: Samen nicht mit Erde bedecken). Bis zum Frosteinbruch kann man mehrmals ernten.

Taro

Colocasia esculenta Aronstabgewächse *(Araceae)*

H bis 2 m Staude

International: malanga, colocasca (E), taro (P, I), aronille, colocase, taro (F), cocoyam (GB)

Merkmale Ausdauernde, kräftige Pflanze mit stark gestauchter Achse und grundständigen, bis 2 m lang gestielten Schildblättern, diese im Umriss herzförmig, mit kräftigen, unterseits oft rötlichen Blattrippen, bis 60 cm lang und 25 cm breit; Blüten unscheinbar, in einer Ähre.

Herkunft und Verbreitung Die Heimat der Wildform dieser Pflanze ist das nördliche Indien. Heute wird der Taro in den Tropen weltweit (Ägypten, China, Madagaskar, Papua-Neuguinea, Philippinen) sortenreich angebaut.

Verwendung Erntegut sind die braunen, stärkereichen Rhizomknollen, die sich als Tochterknollen an unterirdischen Ausläufern entwickeln und bis 4 kg schwer werden. Regional sind sie ein bedeutendes Grundnahrungsmittel. Man verwendet sie gekocht, gedünstet, gebraten oder frittiert oder stellt daraus nach Fermentation eine Paste her.

AnzuchtTipp

Eine kleine Taro-Knolle frei auf lockere Pflanzerde legen, Plastiktüte als Mini-Gewächshaus darüber stülpen, gut feucht halten und an einem hellen, warmen Platz aufstellen. Sobald sich kräftige Keime zeigen, in einen größeren Kübel pflanzen, organisch düngen und weiterhin warm sowie feucht halten. Der Taro entwickelt sich zu einer bemerkenswert dekorativen Pflanze.

Kiwano, Hornmelone, Afrik. Stachelgurke

Cucumis metuliferus Kürbisgewächse *(Cucurbitaceae)*

H bis 0,5 m Kraut

International:
kiwano (E), kiwano (I), kiwano (F),
horned cucumber (GB)

Merkmale Einjähriges Kraut mit
dünnen, kantig gefurchten, kriechenden oder kletternden Stängeln; Blattranken einfach und unverzweigt;
Blätter wechselständig, im Umriss
3-eckig, meist tief handförmig gelappt; Blüten trichterförmig, gelb,
männlich oder weiblich, beide an der
gleichen Pflanze; Beerenfrucht bis
15 cm lang, reif leuchtend orangegelb
mit breiten, kegelig-warzenförmigen
Stacheln; Fruchtfleisch geleeartig
und etwas glasig dunkelgrün mit
zahlreichen abgeflachten, ungefähr
7 × 4 mm großen Samen.

Herkunft und Verbreitung Die
Wildpflanze stammt aus Südafrika
(Kalahariwüste), im Ursprungsgebiet
und in Teilen N-Afrikas, aber auch in
Italien, Israel und in anderen Ländern
in bitterstofffreien Sorten in Kultur
genommen. Die von Januar bis Juni
auf dem europäischen Markt gehandelten Exemplare stammen meist aus
Neuseeland.

Verwendung Geschmacklich hat
das Fruchtfleisch eine deutliche Gur-
kennote, erinnert aber auch an eine
Mischung aus Limette und Banane.
Fruchtfleischscheiben eignen sich roh
für Fruchtsalate, als kontrastreiches
Deko-Material für kalte Platten oder
als Beilage zu Fleisch und Fisch.

Wissenswertes Die bis 700 g
schwere Kiwano oder Afrikanische
Stachelgurke findet wegen ihres erfrischenden Wohlgeschmacks zuneh-
mendes Interesse und könnte auf
dem europäischen Südfruchtmarkt
eine ähnliche Karriere erfahren wie
seinerzeit die Kiwi-Früchte.

Salat-Gurke, Gewürz-Gurke

Cucumis sativus Kürbisgewächse *(Cucurbitaceae)*

H bis 5 (10) m Kraut

International:
pepino, cohombro (E), cetriolo (I),
concombre (F), cucumber (GB)

Merkmale Einjähriges Kraut mit liegenden oder mit Hilfe von immer unverzweigten Blattranken kletternden, kantigen und borstigrau behaarten Stängeln; Blätter wechselständig, lang gestielt, im Umriss 5- bis 7-lappig, spitz, rau behaart, bis 20 cm lang und 12 cm breit; männliche Blüten zu 3–7 in Büscheln, weibliche auf der gleichen Pflanze einzeln in den Blattachseln, gelb, weitglockig; Beerenfrucht zylindrisch, leicht gekrümmt, sortenabhängig glatt oder rauschalig.

Herkunft und Verbreitung Vermutlich in Nordindien am Fuße des Himalaja heimisch, im Ursprungsgebiet schon seit über 3000 Jahren kultiviert. Heute weltweiter Anbau.

Verwendung Die außerordentlich kalorienarmen und wasserreichen großen Salat-Gurken (auch als Schlangengurken bezeichnet) werden meist roh samt Schale und Samen als Salat und gelegentlich auch gekocht als Gemüse verzehrt. Vorzeitig geerntete oder sortenabhängig kleinere Gurken werden als Senf-, Essig- bzw. Delikatessgurken eingelegt, eventuell nach einer Milchsäuregärung (wie die berühmten Spreewalder Gurken).

Wissenswertes Im professionellen Gurkenanbau verwendet man heute zunehmend Sorten mit ausschließlich weiblichen Blüten, die sich auch ohne Bestäubung zu Früchten entwickeln. In so genannten Mixed Pickles findet man oft die bis 7 cm langen, stärker warzigen Gurken der Gherkin *(Cucumis anguria)* aus dem tropischen Amerika.

Feigenblatt-Kürbis

Cucurbita ficifolia Kürbisgewächse *(Cucurbitaceae)*

H bis 5 m Kraut
International: lacayote (E),
zucco di Malabar (I), melon de
Malabar (F), fig-leaved gourd (GB)

Merkmale Einjährige Pflanze mit liegenden oder kletternden, kantig-furchigen Stängeln; Blätter wechselständig, lang gestielt, Blattstiel leicht borstig behaart, Spreite nicht rundlich wie bei den übrigen Kürbis-Arten, sondern wie ein Feigenblatt 5- bis 7-lappig gebuchtet und tief ausgerandet; Blüten eingeschlechtig, männliche und weibliche an der gleichen Pflanze, intensiv gelb, glockig, 5-zipflig; Beerenfrucht bis 50 cm groß, reif grünlich weiß marmoriert bzw. gestreift; Fruchtstiel nur wenig kantig, zum Fruchtansatz hin nicht deutlich verbreitert.

Herkunft und Verbreitung Die Art stammt aus dem tropischen Amerika und wird heute auch in SO-Asien sowie in Afrika angebaut. Sie gedeiht auch bei relativ niedrigen Temperaturen und eignet sich daher für den Anbau im Bergland.

Verwendung Die großen, kugeligen Kürbisse werden unreif geerntet und dann durch Dünsten oder Kochen als Gemüse zubereitet. Fruchtfleischstücke reifer Exemplare werden kandiert und als Dessert verzehrt oder als Marmelade verwendet. In S-Amerika stellt man aus dem zerkleinerten und nachgezuckerten Fruchtfleisch durch Vergären ein alkoholisches Getränk her. Die ölhaltigen Samen werden roh oder geröstet verzehrt. Kühl gelagert ist der Kürbis mehrere Monate haltbar.

Wissenswertes Der Feigenblatt-Kürbis ist gegen bestimmte Schimmelpilze resistent und dient deshalb als Pfropfunterlage zur Veredelung anderer Kürbis-Arten.

Moschus-Kürbis, Butternuss
Cucurbita moschata Kürbisgewächse *(Cucurbitaceae)*

H bis 12 m Kraut

International:
ahuyama (E), courge (F),
musk pumpkin (GB)

Merkmale Einjähriges Kraut mit kriechenden, borstig rau behaarten, 5-kantigen Stängeln, tragen wie alle Kürbisse verzweigte Ranken; Blätter lang gestielt, weich behaart, im Umriss herzförmig und schwach gelappt, bis 30 cm lang und ebenso breit; Blüten eingeschlechtig, männliche lang gestielt, weibliche auf kurzen Stielen, in den Blattachseln auf der gleichen Pflanze; Blüten bis 20 cm breit, gelb, glockig, 5-zipflig; Beerenfrüchte sortenabhängig außerordentlich vielgestaltig, mitunter stark wulstig; Schale relativ weich, grau, grün, gelb, bräunlich; Fruchtstiel am Fruchtansatz scheibenförmig verbreitert, bricht relativ leicht ab.

Herkunft und Verbreitung Die Moschus-Kürbisse stammen aus Mittelamerika (Mexiko) und werden heute in den Tropen und Subtropen aller Kontinente sortenreich angebaut.

Verwendung Das leicht faserige, aber sehr weich kochende und angenehm süßlich schmeckende dotter- bis orangegelbe Fleisch der Beerenfrüchte wird als Gemüsebeilage, in Suppen oder Currys verwendet. Es lässt sich auch sehr gut pürieren oder – wie in der ostasiatischen Küche – süß-sauer einlegen. Die ölhaltigen Kerne kann man rösten und gesalzen als Knabbersnack verzehren. Gekühlt mehrere Monate lagerfähig.

Wissenswertes Besonders delikat schmeckt eine als Butternuss (butternut) verbreitete Sortengruppe. Sie ist in S-Afrika eines der wichtigsten Fruchtgemüse und überall im Angebot.

Garten-Kürbis

Cucurbita pepo Kürbisgewächse *(Cucurbitaceae)*

H bis 10 m   Kraut

International: ahuayama (E), zucca (I), courgette, courge potiron (F), pumpkin, squash (GB)

Merkmale Einjährige Pflanze mit lang kriechenden oder kletternden, kantigen und borstig behaarten Stängeln; Blätter wechselständig, lang gestielt, im Umriss 3-eckig, aber meist tief handförmig gelappt; Blüten einzeln in den Blattachseln, eingeschlechtig, männliche und weibliche getrennt auf der gleichen Pflanze (einhäusig), groß, trichterförmig, 5-zipflig, leuchtend gelb; Beerenfrüchte sehr groß, sortenabhängig oval, birnenförmig, zylindrisch oder kugelig; glatt oder gerunzelt, grünlich, gelb, orange oder gesprenkelt, Fruchtwand fest und dick.

Herkunft und Verbreitung Alle Kürbis-Arten stammen aus dem tropischen Mittel- und S-Amerika. In Europa wurden sie erst nach 1514 durch Kolumbus bekannt, der sie bei den Indianern bereits als hoch entwickelte Kulturpflanzen kennen lernte. Die Gattung umfasst insgesamt 20 Arten, die alle kultiviert werden. Wirtschaftlich bedeutsam sind davon jedoch nur 5 Arten, darunter der formenreiche Garten-Kürbis *(Cucurbita pepo)* (vgl. auch S. 138). Ähnlich vielgestaltig ist der Riesen- oder Melonen-Kürbis *(C. maxima)* mit runden, weitgehend ungefurchten und stachellosen Stängeln sowie nierenförmigen, wenig gelappten Blättern. Seine Früchte erreichen bis über 20 kg Gewicht. Zu diesem Formenkreis gehören auch die häufig buntscheckigen Zierkürbisse von gewundener Turbangestalt. Kürbisse werden heute in zahllosen Sorten weltweit kultiviert. Von den angebauten Kürbis-

Arten sind jeweils mehrere hundert Sorten bekannt.

Verwendung Die reifen Früchte von Garten- und Riesen-Kürbis werden roh oder gekocht als Gemüse, Chutney, Suppe, Salat oder Dessert gegessen. Das Fruchtfleisch hat von Natur aus nur wenig Eigengeschmack, erst die Art der Zubereitung bringt besondere kulinarische Erfahrungen. Die abgeflachten, spitzovalen und bis 2 cm langen Samen (= Kürbiskerne) werden geröstet und als Knabbersnack verzehrt. Bei manchen Sorten (Ölkürbisse) gewinnt man daraus durch Abpressen das diätetisch wertvolle Kürbiskernöl. Regional verwendet man auch die großen, ausgesprochen dekorativen Blüten zur Verzierung von Salaten und kalten Platten. Sie können aber auch leicht angedünstet und als Gemüsebeilage gegessen werden. Die mit dicker Fruchtwand ausgestatteten Kürbisse – daher auch Panzerbeeren genannt – sind nach der Ernte monatelang ohne Qualitätsverlust lagerungsfähig.

Wissenswertes Kürbisse gehören zu den größten Früchten im Pflanzenreich. Fruchtgewichte bis über 40 kg sind beim Riesen-Kürbis keine Seltenheit. Im internationalen Sprachgebrauch bezeichnet man die Gartenkürbis-Sorten üblicherweise als pumpkin, die Riesenkürbis-Varietäten dagegen als squash. Beide spielen beim auch in Europa zunehmend verbreiteten Halloween-Brauchtum (in der Gruselnacht vom 31. Oktober auf den 1. November; von all hallows' evening = Vorabend von Allerheiligen) eine besondere Rolle. Die Wildformen aller Vertreter der Kürbisgewächse sind ziemlich bitterstoffhaltig. Dieses Merkmal ist jedoch bei den Kulturformen fast vollständig weggezüchtet worden. Generell gilt, dass die Sorten umso bitterstoffhaltiger sind, je kleinfrüchtiger sie sind. Die vielgestaltigen Zierkürbisse sind daher nicht zum Verzehr geeignet. Der wissenschaftliche Gattungsname der Kürbisse leitet sich übrigens vom lateinischen *cucurbita* = Dummkopf ab, ein bereits in der Antike recht beliebtes Schimpfwort für unliebsame bzw. unfähige Politiker.

Kürbis-Suppe (für die Halloween-Party) für 12 Portionen: 1,5 kg ausgelöstes Fruchtfleisch, 500 g mehlig kochende Kartoffeln, 1 säuerlichen Apfel, 1 nussgroßes Stück Ingwer (frisch), 3 EL Butter, 3 l Gemüsebrühe.
Zubereitung: Kürbis, geschälte Kartoffeln und Apfel würfeln, Ingwer schälen und fein hacken. Butter erhitzen, Kürbiswürfel darin zusammen mit Ingwer kurz andünsten, dann Apfel und Kartoffeln zugeben, mit Brühe aufgießen und aufkochen, anschließend zugedeckt 10–15 min köcheln lassen, bis alles Gemüse weich ist. Zuletzt mit Pürierstab zerkleinern, mit Salz, Pfeffer und etwas Essig abschmecken. Die Suppe kann man – dem Anlass angemessen – im ausgehöhlten Kürbis servieren.

Die Samen von ausgereiften Zier- und Konsum-Kürbissen sind leicht zum Keimen zu bringen. Man steckt sie Mitte April in ein beliebiges Anzuchtgefäß mit nährstoffreicher Pflanzerde und hält sie mäßig feucht. Spätestens nach der Anlage des zweiten Folgeblattes pflanzt man die Sämlinge einzeln in einer sonnigen Gartenecke (vorzugsweise in der Nähe des Komposthaufens) oder in größere Kübel aus. Meist sind die Kultur-Kürbisse Selbstbestäuber. Von den wenigen weiblichen Blüten entwickelt sich allerdings meist nur eine je Pflanze zu einem ansehnlichen Kürbis.

Zucchini, Zucchetti

Cucurbita pepo var. *giromontiina*   Kürbisgewächse *(Cucurbitaceae)*

H bis 5 m   Kraut

International:
zucchini (E, P, I), courgette, potiron (F), courgette (GB)

Merkmale   Einjähriges Kraut mit 6-kantigen Stängeln; Blätter wechselständig; männliche und weibliche Blüten auf der gleichen Pflanze (einhäusig); Beerenfrüchte gurkenähnlich, im Querschnitt jedoch leicht 6-eckig.

Herkunft und Verbreitung   Die Pflanze stammt aus dem tropischen Mittel- und Südamerika. In Deutschland verbreitete sich die in Italien schon länger recht beliebte Frucht erst nach 1970.

Verwendung   Man isst Zucchini, die eine Varietät des Gartenkürbis ist, entweder roh in Salaten oder eher gekocht bzw. geschmort, meist zusammen mit Fleisch, Käse und Reis oder im Eintopfgericht Ratatouille.

KüchenTipp

Ratatouille niçoise
Zutaten (6 Portionen): 3 Zucchini, 3 Auberginen, 3 Fleischtomaten, 3 rote Gemüse-Paprika, 3 EL Öl, Salz, Pfeffer, Knoblauchsalz, Lorbeerblatt, Thymian, Petersilie.
Zubereitung: Zucchini in Scheiben schneiden, Auberginen, Tomaten und Paprika (ohne Innenteile) würfeln. Gemüse in Öl anschmoren, 1–2 Tassen Wasser dazugeben, zudecken und zum Kochen bringen, Gewürze zugeben und auf kleinster Stufe 1½ h köcheln lassen. Warm servieren.

Caihua, Korilla, Hörnchengurke

Cyclanthera pedata Kürbisgewächse *(Cucurbitaceae)*

H bis 5 m Kraut
International:
achocha (E), caihua (P, I), concombre
grimpant (F), korilla (GB)

Merkmale Einjährige Pflanze mit
liegenden oder kletternden, dicht verzweigten Stängeln; Blätter wechselständig, fest, 3- bis 5-lappig oder ge-
schlitzt, bis 15 cm lang und 12 cm
breit; Blüten um 1 cm breit, grünlich
weiß, eingeschlechtig, männliche in
Trauben, weibliche auf der gleichen
Pflanze einzeln; Beerenfrüchte 7–
15 cm lang, glänzend bleichgrün,
oval-elliptisch mit dornförmigem Ha-
ken an der gekrümmten Spitze und
vereinzelten Stacheln auf der Schale.
Herkunft und Verbreitung Die Heimat dieser Art sind die peruanischen
Anden, hier wurde sie schon von den
Indios domestiziert. Heute baut man
die bemerkenswert ertragreiche

Pflanze als Gemüse auch in Indien
und O-Asien (Japan) an. In Mittelamerika und auf Java baut man weitere
Arten an, darunter *Cyclanthera bra-
chystachya*.
Verwendung Das gurkenartig
schmeckende weiße Fleisch der nicht
ganz vollreifen und längere Zeit haltbaren Früchte wird als Gemüse verwendet und beispielsweise halbiert
mit Fleischfüllung zubereitet. Ähnlich
verwendet man auch die Blätter und
jungen Triebe.
Wissenswertes Die Pflanze findet
(in Form trockener, gemahlener
Früchte in Kapseln) zunehmend
Interesse, da sie nach ersten Studien
den Cholesterinspiegel im Blut senkt
und auch den Blutdruck günstig be-
einflusst. In den tropischen Anden
kommt die Explodiergurke *(C. explodens)* vor, bei der die reifen Früchte
zerbersten.

Artischocke
Cynara scolymus Korbblütengewächse *(Asteraceae)*

H bis 1,5 m Staude

International:
alcachofa (E), carciofo (I),
artichaut (F), globe artichoke (GB)

Merkmale Mehrjährige Pflanze von distelartigem Aussehen mit kräftigem, aufrechtem, verzweigtem Stängel; Blätter im Umriss länglich oval, graugrün, unterseits graufilzig, etwas lederig, fiederspaltig, Zipfel rundlich oder zugespitzt, Grundblätter lang gestielt, rosettenförmig angeordnet, aber aufrecht, bis 80 × 40 cm groß, Stängelblätter sehr kurz gestielt oder sitzend; Blütenköpfe kugelig, bis über 12 cm breit, außen mit zahlreichen fleischigen, an der Spitze ausgerandeten Hüllblättern, innen mit zahlreichen Röhrenblüten, im Aufblühen kräftig blauviolett.

Herkunft und Verbreitung Die Artischocke stammt aus dem Mittel-meergebiet und wird dort schon seit der Antike kultiviert. Vermutlich leitet sich die Kulturpflanze von den in den Mittelmeerländern sowie in N-Afrika verbreiteten Wildformen (*Cynara cornigera, C. syriaca* u. a.) ab. Eines der bedeutendsten Anbaugebiete ist die Bretagne.

Verwendung Verzehrt werden gekocht oder gedünstet die fleischigen Blütenböden mit den zugehörigen oberen Stängelabschnitten (= Artischockenherzen bzw. -böden), ferner die unteren Abschnitte der inneren fleischigen, grünlichen oder leicht violetten Hüllblätter: Man taucht die abgezogenen inneren Hüllblätter in eine Vinaigrette und lutscht die weiche Blattbasis unter leichtem Ankauen aus. Alle Teile werden kurz vor dem Aufblühen in der Knospe geerntet. Aus den Hüllblättern der Blütenköpfe und den Laubblättern gewinnt man außerdem Bitterstoffextrakte (Cynarine) und verwendet sie als Aromalieferanten bei der Likörherstellung (beispielsweise im französischen Aperitif „Cynar") und in Arzneimitteln gegen Gallenbeschwerden.

Wissenswertes Schon im alten Ägypten und im christlichen Rom galten die Artischocken als kulinarische Spezialität. Ihr Name kommt aus dem Arabischen und bedeutet „Erdbärte". So richtig in Mode kamen sie im 18. Jahrhundert beim französischen Adel. Daher bietet die französische Küche die größte Auswahl an Artischocken-Rezepten. Eng verwandt ist die sehr ähnliche und ebenfalls im Mittelmeergebiet verbreitete Kardone oder Cardypflanze *(C. cardunculus)*, deren kugelige Blütenköpfe aber nur 5 cm breit werden und an der Spitze der Hüllblätter einen bis 3 cm langen spitzen Dorn tragen. Stellen-

weise ist diese Pflanze im Anbau. Man verwendet von dieser Pflanze fast nur die fleischigen Blattstiele als Gemüse, nachdem man sie durch Überstülpen einer Blechröhre gebleicht hat. Bis ins 17. Jahrhundert war die Kardone auch in mitteleuropäischen Gärten weit verbreitet.

KüchenTipp

Gefüllte Artischocken (Vorspeise)

Zutaten (4 Portionen): 4 Artischocken, 1 kleine Zwiebel, 1 Knoblauchzehe, 100 g Champignons, 200 g frische Garnelen (Scampi), 60 g geriebener Schweizer Käse (Gruyère o. Ä.), 1 Tasse Milch, 1 EL Olivenöl, 1 EL Mehl, 2 EL Butter, 1/8 l Sahne, Zitronensaft, Salz, Pfeffer.

Zubereitung: Artischocken dicht unter dem Blütenkopf vom Stängel schneiden, äußere harte Hüllblätter entfernen und von den verbleibenden das vordere Drittel abschneiden, mit dem Stielansatz nach unten in kochendes Salzwasser geben, garen (30 min), abkühlen lassen. Zwiebel und Champignons fein hacken, Garnelen klein schneiden. Milch erwärmen. Öl erhitzen, Zwiebeln darin bräunlich anbraten, Mehl aufstäuben, erneut anbraten und portionsweise warme Milch zugeben, diese Sauce ca. 5 min kochen lassen. Sahne, Salz, Pfeffer, Champignons und Garnelen hineingeben. Feuerfeste Form mit Öl ausstreichen. Artischockenhüllblätter auseinander biegen, die Blüten im Zentrum entfernen und stattdessen Champignon/Garnelen-Mischung einfüllen, mit geriebenem Käse bestreuen und Butterflöckchen auflegen, 20–30 min überbacken, bis der Käse geschmolzen ist. Mit trockenem Weißwein servieren.

Bambus
Dendrocalamus asper Süßgräser *(Rutaceae)*

H bis 20 m   Baum

International:
bambú (E), bambu (I), pousse de
bambou (F), bamboo shoots (GB)

Merkmale Schlanker Baum mit
festen, harten Stämmen; Blätter im
Unterschied zu den übrigen Gräsern
gestielt, lanzettlich, bis 45 cm lang,
rau; Blüten grasartig unscheinbar,
entwickeln sich relativ selten in großen zeitlichen Abständen.

Herkunft und Verbreitung Bambus ist in SO-Asien beheimatet. Für
den Lebensmittelmarkt werden sie
auf allen Kontinenten angebaut.

Verwendung Die jungen und wie
Spargel zunächst noch bleichen Triebe, die sich an den im Boden kriechenden Bambusrhizomen entwickeln, werden gestochen, solange sie
noch nicht verholzt sind. Sie sind
dann etwa 7–25 cm lang und bis 7 cm
dick und tragen noch 2 Reihen dicht
anliegender Schuppenblätter, die
man vor der Zubereitung entfernt. In
China bereitet man Bambussprossen
in Stücke bzw. Streifen geschnitten
mild wie Spargel zu, in Indien dagegen mit Essig und scharfen Gewürzen. Sie eignen sich hervorragend für
Wok-Gerichte, aber auch für Suppen
sowie mit einem asiatisch inspirierten Dressing auch als Salat. In
Deutschland erhält man Bambussprossen ganzjährig frisch oder als
Konserve.

Wissenswertes *Dendrocalamus asper* ist neben *Bambusa vulgaris* eine
vor allem in Thailand sehr häufig ge-
gessene Art. In China, Taiwan und Japan verzehrt man dagegen eher die
Sprossen von *Dendrocalamus latiflo-
rus* und *Phyllostachus pubescens*. In
Geschmack und Zubereitung sind die
verschiedenen Arten identisch.

Yam, Yamswurzel

Dioscorea alata Yamsgewächse *(Dioscoreaceae)*

H bis 15 m   Staude

International:
yame (E), igname (I), igname (F),
yam (GB)

Merkmale Ausdauernde Pflanze mit windendem Stängel; Blätter wechselständig, gestielt, herzförmig, oberseits dunkelgrün glänzend, mit auffallender Nervatur aus wenigen großen Blattadern; Blüten eingeschlechtig, männliche und weibliche auf verschiedenen Pflanzen, weißlichgrün, bis 3 cm breit; Kapselfrucht 3-seitig geflügelt.

Herkunft und Verbreitung Die Gattung ist mit etwa 600 Arten über die Tropen aller Kontinente verbreitet. Mehrere sehr ähnliche und in der Verwendung vergleichbare Arten werden kultiviert, darunter in Afrika die als Wasseryam bezeichnete *Dioscorea alata*, in O-Asien *D. esculenta*, in

der Karibik *D. rotundata* und in Australien sowie Indien und Indonesien *D. bulbifera*.

Verwendung Fast alle Yam-Arten entwickeln stärkereiche Wurzelknollen, die 30–70 cm lang und bis 20 kg schwer werden. Das weiße, je nach Art aber auch gelbliche oder rötliche Fleisch ist in vielen Gebieten ein wichtiges Grundnahrungsmittel und wird regional schon seit Jahrtausenden genutzt. Yamswurzeln bereitet man wie Kartoffeln zu.

Wissenswertes Die Knollen mancher *Dioscorea*-Arten enthalten den Steroidkörper Diosgenin, aus dem sich halbsynthetisch Cortisone zur Behandlung allergischer Reaktionen sowie Sexualhormone für die hormonelle Empfängnisverhütung („Pille") herstellen lassen. Auf europäischen Märkten werden auch Batate, Maniok und Oca als Yam angeboten.

Sojabohne
Glycine max Schmetterlingsblütengewächse *(Fabaceae)*

H bis 1 m Kraut

International:
frijol soya (E), soya (P), soja (I),
soya (F), soy bean (GB)

Merkmale Einjähriges Kraut mit
aufrechtem, behaartem, verzweigtem Stängel; Haare bräunlich, abstehend, steif; Blätter wechselständig,
unpaarig gefiedert, Blattstiele am unteren Ende keulig verdickt, Fiedern
3–5, kurzoval, an der Basis gerundet,
ebenfalls behaart, bis 12 cm lang und
6 cm breit; Blüten klein, sortenabhängig weißlich bis violett, zu 3–8 in kurzen, blattachselständigen Trauben;
Hülsen reif graubraun, behaart, mit je
3–5 sortenabhängig gelben, rötlichen, weißen oder schwarzen Samen (Sojabohnen).

Herkunft und Verbreitung Die
Wildpflanze *Glycine soja* ist in
O-Asien (nördliches China, Ussuri-Gebiet) beheimatet. Daraus züchtete
man in Fernost schon vor nahezu
3000 Jahren in etlichen Sorten die
wertvolle Kulturpflanze, die vor allem
während des 20. Jahrhunderts zu
einer der wichtigsten Weltwirtschaftspflanzen aufstieg. Bedeutendste Anbauländer sind Asien und
Amerika. Auch in den Wärmegebieten
Deutschlands ist die Sojabohne stellenweise im Anbau.

Verwendung Genutzt werden vor
allem die reifen Samen, die neben
Protein (bis 37 %), verdaulichen Kohlenhydraten (bis 7 %) auch ein diätetisch wertvolles Öl (etwa 18 %) enthalten. Nach Abpressen des Öls, das sich
durch viel Linolensäure auszeichnet,
werden die gemahlenen, an Protein
und Kohlenhydraten reichen Rückstände mit Hilfe von Mikroorganismen in Asien traditionell zu vielen
weiteren Speisen bzw. Pasten weiter-

verarbeitet, die in der vegetarischen Küche O-Asiens große Bedeutung haben – beispielsweise Tempeh (Sojakäse) in Indonesien, Sufu in China und Taiwan, Miso in Japan, Ketjab in Java. Tofu (Sojaquark) gewinnt man aus dem Mehl von besonders großen, hellgelben Soja-Samen. Soja-Produkte sind in vielen Lebensmitteln enthalten – beispielsweise Soja-Öl in Margarine sowie Soja-Lecithin in Schokolade, Keksen und Speiseeis. Das in seiner Aminosäurezusammensetzung wertvolle Soja-Protein soll das schädliche LDL-Cholesterin im Blut mindern. Aus Sojamehl stellt man auch Klebstoffe, Bindemittel, Farben und Zuschläge für Kunststoffe her. Außerdem sind die Produktionsrückstände ein wertvolles Viehfutter.

Soja ist gleichzeitig ein Beispiel für die Erfolge der grünen Gentechnik. Derzeit werden weltweit bereits nahezu 60 % der Sojabohnen mit gentechnisch veränderten Sorten erzeugt.

Wissenswertes In Asia-Läden oder in den Feinkostabteilungen der Supermärkte erhält man frisch oder konserviert die (mitunter auch als beansprouts oder Taoge bezeichneten) bleichen Sojabohnen-Keimlinge, auch in Mischung mit weiteren chinesischen Gemüsen. Die auf dem Markt angebotenen „Sojasprossen" stammen allerdings meist von der Mungbohne (vgl. S. 172). Aus gemahlenen dunklen Sojabohnen wird durch Fermentation in vielen landesspezifischen Varianten die traditionelle, aromaintensive Sojasauce hergestellt, die in Japan unter dem Namen Shoyu bekannt ist. Für die bessere Haltbarkeit wird sie mit bis zu 15 % Kochsalz versetzt. In Amerika hat man aus Sojaprotein eine Art Kunstfleisch (TVP = textured vegetable protein) entwickelt. Dazu wird das gelöste Protein durch Spinndrüsen gepresst, in Gerinnungsbädern ausgefällt und durch Zusatz von Aromastoffen nach Geschmack und Struktur fleischartig aufbereitet.

KüchenTipp

Sojabohnenkeimlinge, die durch den Keimprozess besonders viele Vitamine enthalten, verwendet man roh in Salaten oder in Gemüsepfannen (Wok-Gerichte). Dabei gibt man sie – damit sie schön knackig bleiben – jeweils erst gegen Ende der Garzeit zu. Mit dem Erhitzen verliert sich auch der leicht bittere Geschmack.

AnzuchtTipp

Sojapflanzen kann man im Blumentopf oder auch im Garten leicht selbst kultivieren. Sojabohnen einfach wie Erbsen oder Gartenbohnen in lockere, nährstoffreiche Anzuchterde legen und zunächst mäßig feucht halten. Im Topf braucht die Pflanze einen sonnigen, warmen Standort und nicht allzu viel Wasser.

Batate, Süßkartoffel

Ipomoea batatas Windengewächse *(Convolvulaceae)*

H bis 6 m Staude

International:
batata (E), patata (I), batate (F),
sweet potato (GB)

Merkmale Mehrjährige, kriechende oder an Stützen kletternde Staude; Blätter wechselständig, lang gestielt, im Umriss rundlich oval bis fingerförmig geteilt; Blüten hellrot bis weiß; Kapselfrüchte rundlich.

Herkunft und Verbreitung Die Süßkartoffel stammt aus den Gebirgen des nördlichen S-Amerika und im südlichen Mittelamerika. Heute werden Süßkartoffeln in weiten Teilen der Tropen Amerikas, Afrikas und Asiens sortenreich angebaut.

Verwendung Erntegut sind die spindelförmigen bis rundlichen Wurzelknollen vom mittleren Teil von Wurzeln, die sich an den Blattknoten der Stängel entwickeln. Die stärkereichen, innen meist weißen oder sortenabhängig rötlichen bis violetten Knollen sind 10–20 cm lang, außen gelblich hellbraun oder rötlich und werden bis 3 kg schwer. Sie werden gekocht, geröstet oder gebacken verzehrt.

AnzuchtTipp

Süßkartoffeln sind fast ganzjährig zu bekommen. Pflanzen Sie eine kleinere Wurzelknolle aus dekorativen Gründen mit dem breiteren Ende in einen hohen Topf mit guter Anzuchterde und halten Sie diese gut feucht. Soll die Pflanze buschig werden, kappt man die zu langen Triebe. Die abgeschnittenen Zweigstücke bewurzeln sich sehr leicht.

Flaschenkürbis, Kalebasse
Lagenaria siceraria Kürbisgewächse *(Cucurbitaceae)*

H bis 12 m Kraut

International:
calabaza (E), calabassa (I), gourge
bouteille (F), bottle gourd (GB)

Merkmale Einjährige Kletterpflanze
mit stark verzweigtem, weich behaartem, gefurchtem Stängel; Blätter
wechselständig, einfach, im Umriss
rundlich, bis 30 cm lang und ebenso
breit, am Grunde mitunter herzförmig eingeschnitten, oberseits samtig,
duften beim Zerreiben nach Mo-
schus; Blüten einzeln in den Blattachseln, weiß; Beerenfrüchte blassgrün,
sortenabhängig von unterschied-
licher Form und auffallend vielgestaltig, überwiegend flaschenförmig mit
bauchiger Basis und schlankerem
Hals, bis 1 m lang, verholzen mit zu-
nehmender Reife und bleiben dann
auch wasserdicht, sogar wochenlang
im Meerwasser.

Herkunft und Verbreitung Ursprünglich wohl im tropischen Afrika,
aber bereits in vorgeschichtlicher Zeit
auch in S-Amerika kultiviert und heute in den Tropen weltweit in Sorten
angebaut. Der Flaschenkürbis ist eine
der wenigen Nutzpflanzen, die bereits in prähistorischer Zeit auf zwei
Kontinenten genutzt wurden.
Verwendung Die Früchte werden
nur sehr jung als Gemüse gegessen
und dazu bereits wenige Tage nach
der Befruchtung geerntet. In Japan
verzehrt man auch getrocknetes
Fruchtfleisch als Sushi-Beilage. Aus
den reifen Früchten stellt man Trink-
und Vorratsgefäße, aber auch Musik-
instrumente (Rasseln) her.
Wissenswertes Regional lässt man
die Früchte in modelartige Hohlfor-
men hineinwachsen und erzielt damit sehr ungewöhnliche Fruchtge-
stalten.

Zuckertang, Kombu

Laminaria saccharina   Zuckertanggewächse *(Laminariaceae)*

H bis 4 m   Braunalge

International:
Laminaria (E, I), laminaires (F),
Laminaria (GB)

Merkmale   Mehrjährige Braunalge von dunkel- bis olivbrauner Färbung mit langem, ungeteiltem Blatt, rundlichem, flexiblem Stielabschnitt und verzweigter Haftkralle; Blatt ledrig, dicklich, bis über 3 m lang und 30 cm breit, entweder glatt (Helgoland) oder runzlig gefeldert mit Saum (übrige Atlantikküsten).

Herkunft und Verbreitung   Unterhalb der Niedrigwasserlinie bis in 20 m Wassertiefe auf großen Steinen oder anstehendem Fels von der Arktis bis zur Iberischen Halbinsel.

Verwendung   Die blattartigen Hauptteile dieses Brauntangs werden wie Gemüse zubereitet. Sie enthalten bis 15 % Protein bei nur 0,5 % Fett neben vielen lebenswichtigen Mineralien (Calcium, Magnesium, Jod) und Vitaminen. Zuckertang verwendet man als Streifen oder Stückchen in Suppen, Eintöpfen oder Aufläufen. Man kann damit aber auch Fisch, Fleisch, Gehacktes umhüllen und im Wasserdampf dünsten. Getrocknete Tangstückchen weicht man 10 min in Wasser ein und verwendet sie wie Frischmaterial.

Wissenswertes   Nahe verwandte *Laminaria*-Arten aus O-Asien, wo sie schon seit Jahrhunderten zum täglichen Speiseplan gehören, sind unter der japanischen Bezeichnung Kombu getrocknet in Asia-Läden zu haben. Frische Jungpflanzen vom Zuckertang können per Internet aus Algenfarmen an der Nordsee geordert werden. Die ähnliche und verwandte Art Wakame *(Undaria pinnatifida)* wird in der Bretagne im Meer kultiviert.

Linse

Lens culinaris Schmetterlingsblütengewächse *(Fabaceae)*

H bis 0,4 m   Kraut

International:
lenteja (E), lenticchia (I), lentille (F), lentil (GB)

Merkmale   Einjähriges Kraut mit liegenden oder (im dichten Bestand) aufrechten, verzweigten, eventuell auch kletternden Stängeln, weich behaart, von wickenartigem Aussehen; Blätter wechselständig, paarig gefiedert, Fiedern schmal-lanzettlich, Endfiedern häufig in Blattranken umgewandelt; Blüten einzeln oder zu 2 bis 4 in achselständigen Trauben, blass bläulich, dunkler geadert; nach Selbstbestäubung entwickeln sich daraus 1–3 cm lange, etwas aufgeblähte Hülsen mit 1–3 scheibenförmigen Samen.

Herkunft und Verbreitung   Die Heimat dieser wichtigen Hülsenfrucht ist Vorderasien. Dort wurde sie schon in der Vorantike domestiziert, bildete lange Zeit das wichtigste Grundnahrungsmittel und stellt damit eine der ältesten Kulturpflanzen überhaupt dar. Wichtigster Produzent für den Weltmarkt sind Indien und die Türkei.

Verwendung   Die reifen Samen werden unzerkleinert gekocht und als Brei, in Suppen und Eintöpfen oder als Zutat zu Salaten verzehrt. Man verwendet sie auch gemahlen als Zuschlag zu Getreidemehl.

Wissenswertes   Im Handel sind meist die ungeschälten Samen, da der typische Linsengeschmack im Wesentlichen in der Samenschale sitzt. Die charakteristische diskusartig abgeflacht-rundliche Form der Samen war begriffsbildend für die technische Optik: Auch bei den gläsernen Bauteilen von Ferngläsern, Teleskopen oder Mikroskopen spricht man von Linsen.

Schwammgurke, Luffagurke

Luffa aegyptiaca (L. cylindrica) Kürbisgewächse *(Cucurbitaceae)*

H bis 6 m   Kletterpflanze

International:
esponja (E), luffa (I), serbete de pober (F), sponge gourd (GB)

Merkmale Einjährige Kletterpflanze mit kantigem Stängel und 3- oder mehrteiligen Blattranken; Blätter wechselständig, lang gestielt, im Umriss 3-eckig, herzförmig eingebuchtet, glattrandig oder leicht 3- bis 5-lappig, rauhaarig; alle grünen Teile riechen beim Zerreiben unangenehm; Blüte glockig, gelb, bis über 5 cm breit, männliche in Trauben, weibliche immer einzeln in den Blattachseln; Beerenfrucht bis 40 cm lang, zylindrisch, zum Stielansatz verjüngt, grün, mit wenig auffälligen Längsrippen.

Herkunft und Verbreitung Ursprünglich nur im tropischen Afrika heimisch, heute als Kulturpflanzen fast überall in den Tropen verbreitet.

Verwendung Die unreifen und noch zarten Luffagurken werden als Gemüse gegessen. Die reifen Früchte werden wegen ihres bemerkenswerten Leitbündel-Netzwerkes fast nur technisch verwendet. Gekühlt ist die Frucht mehrere Wochen haltbar.

Wissenswertes Zur Gewinnung des außerordentlich stark verzweigten und feinmaschig vernetzten Leitbündelsystems lässt man die reifen Früchte in Wasser liegen, wobei sich das Fruchtfleisch auf- bzw. ablöst. Nach Trocknung verwendet man das skelettartige Gebilde als so genannten vegetabilischen Schwamm für kosmetische Zwecke (in Dritte-Welt-Läden angeboten), als Polster- und Dämmstoff, Filter- und Isoliermaterial, als Schuheinlage. In SO-Asien verzehrt man auch die jungen Früchte der sehr ähnlichen Flügelgurke *(Luffa acutangula)* als Gemüse.

Maniok, Kassave

Manihot esculenta   Wolfsmilchgewächse *(Euphorbiaceae)*

H bis 4 m   Staude

International:
mandioca (E), manioca (I), manioc
(F), manioc (GB)

Merkmale   Große, strauchartig verzweigte Staude; Blätter wechselständig, lang gestielt, tief handförmig geteilt, bis 20 cm lang und ebenso breit; Blüten eingeschlechtig, klein, grünlich gelb, in Rispen; Kapselfrüchte öffnen sich in der Reife explosionsartig. Alle Teile enthalten einen giftigen weißen Milchsaft. Beim Erhitzen verliert sich die Giftwirkung.

Herkunft und Verbreitung   Ursprünglich nur im Amazonasgebiet (Brasilien), aber schon frühzeitig von Bolivien bis Mexiko verbreitet. Heute überall in den Tropen in Sorten angebaut und eine der wichtigsten Weltwirtschaftspflanzen – sie nimmt unter den Nahrungspflanzen die sechste Position ein. Der größte Teil kommt heute aus Afrika.

Verwendung   Der bedeutendste nutzbare Teil der Pflanzen sind ihre stärkereichen, bis 90 cm langen und 10 cm breiten, bis 5 kg schweren kegeligen Wurzelknollen, die büschelig angeordnet sind. Die Knollen kann man kochen, rösten oder nach Schälen und Mahlen das auch unter tropischen Bedingungen sehr haltbare Mehl (Farinha) gewinnen. Roh sollte man Maniok wegen der Blausäure-Verbindungen im Milchsaft nicht verzehren.

Wissenswertes   Der einfach zu kultivierende Maniok ist die Kartoffel der Tropen. Durch feuchtes Erhitzen von Maniok-Mehl entsteht das sagoartige Tapiok, ein weiteres Folgeprodukt ist Perlsago (Perltapioka), den man als Dickungsmittel für Suppen und Saucen verwendet.

Balsambirne, Bittergurke

Momochordia charantia Kürbisgewächse *(Cucurbitaceae)*

H bis 10 m Staude

International: balsamina (E), margose, assorossie (F), balsam pear, bitter cucumber (GB)

Merkmale Mehrjährige, aber meist nur einjährig kultivierte Kletterpflanze mit gefurchten, kantigen, Ranken tragenden Stängeln; Blätter wechselständig, im Umriss rundlich, sortenabhängig tief handförmig gelappt, etwa 10 cm lang und ebenso breit; Blüten eingeschlechtig, gelb, öffnen sich nur einmal; Beerenfrüchte gurkenartig, kurz zugespitzt, aber gerippt und mit rauer, stark blasig-warziger Schale; Fruchtfleisch weiß bis rötlich, mit roten Samen.

Herkunft und Verbreitung Die Pflanze stammt aus den Tropen SO-Asiens und wird heute in Sorten weltweit angebaut. Hauptanbaugebiete sind Afrika, Taiwan, Philippinen, Indonesien und die Karibik. Die in Deutschland vermarkteten Exemplare stammen meist aus Thailand oder den Niederlanden.

Verwendung Die recht bitter schmeckenden und daher für den Rohgenuss ungeeigneten Früchte werden vor der Reife grün geerntet und geschält in Salzwasser eingelegt oder blanchiert, um die unangenehmen Bitterstoffe zu entfernen. In Indien sind sie ein beliebtes Gemüse. In SO-Asien legt man sie oft süß-sauer ein und verwendet sie anschließend in Currys. Regional werden auch die jungen Blätter und Triebe als Gemüse zubereitet. Gekühlt ist die Frucht mehrere Wochen haltbar.

Wissenswertes Die Gattung *Momochordia* umfasst weitere Kulturpflanzen: In Indien verwendet man die Kartoli *(M. dioica)*, im tropischen Amerika den Balsamapfel *(M. balsamina)*.

Koch-Banane, Mehl-Banane
Musa acuminata Bananengewächse *(Musaceae)*

H bis 9 m Staude

International:
banano, plátano (E), banana (P, I),
banane (F), banana (GB)

Merkmale Mehrjährige Staude mit unverzweigtem (Schein-)Stamm, der im Wesentlichen aus den kräftigen Scheiden der rosettig gestellten Grundblätter besteht; Blätter lang gestielt, bis 4 m lang und 1 m breit, unter Windwirkung meist fiederig zerrissen; Blütenstand 50–150 cm am Ende der Sprossachse, nach unten gebogen, mit etwa 15 Wirteln aus je 10–20 weiblichen Blüten, männliche Blüten am Ende des Blütenstandes; Beerenfrucht rundlich 3-kantig, bis 20 cm lang, leicht gekrümmt.

Herkunft und Verbreitung Die Heimat der Banane ist SO-Asien. Erst im frühen 16. Jahrhundert kam sie mit den iberischen Eroberern in die Neue Welt. Heute werden Bananen weltweit im Tropengürtel sortenreich angebaut und gehören zu den weltwirtschaftlich wichtigsten Nutzpflanzen. Kulturbananen sind immer samenlos.

Verwendung Genutzt werden nur die meist grün geernteten Früchte. Bei den Koch- oder Mehlbananen verzuckert sich die Stärke im mehligen Fruchtfleisch auch dann nicht, wenn sie bis zur Gelbreife gelagert werden. Das Fruchtfleisch wird gekocht, gebraten, frittiert oder zu Brei gestampft. In vielen tropischen Ländern stellen sie ein bedeutendes Grundnahrungsmittel dar (Vgl. S. 76).

Wissenswertes Alle Kulturbananen sind Kreuzungen der beiden diploiden Wildarten *Musa acuminata* (Erbbild AA) und *M. balbisiana* (Erbbild BB). Koch-Bananen sind triploid und besitzen sortenabhängig das Erbbild AAB; ABB oder BBB.

Reis

Oryza sativa Süßgräser *(Poaceae)*

H bis 1,6 m Kraut

International:
arroz (E), riso (I), riz (F), rice (GB)

Merkmale Einjähriges, an der Basis büschelig verzweigtes Kulturgras mit kräftigen, aufrechten, hohlen Stängeln; grundständige Blätter bestehen fast nur aus Blattscheiden, erst weiter oben entwickeln sie bis 15 mm breite und 50 cm lange Blattspreiten; Blüten in großen, bis 50 cm langen Rispen, hängen zur Reifezeit bogig über; die Ährchen sind der Anlage nach 3-blütig, doch entwickelt sich davon nur die zwittrige Gipfelblüte; sortenabhängig kann die Deckspelze eine lange Granne tragen.

Herkunft und Verbreitung Das Ursprungsgebiet liegt im südöstlichen Asien – der wissenschaftliche Gattungsname *Oryza* (verschliffen zum italienischen riso bzw. deutschen Wort Reis) stammt aus dem Sanskrit. In seiner Heimat wurde Reis nach den ältesten verfügbaren Quellen bereits im 3. vorchristlichen Jahrtausend in Sorten angebaut. Eine der mutmaßlichen Stammpflanzen ist der im gleichen Gebiet vorkommende Wild-Reis *(O. fatua)*. Asien (China, Indien, Indonesien, Bangladesh) stellt immer noch etwa 90 % der Weltproduktion. In Europa wird Reis in Italien (seit etwa 1500), Spanien und Portugal angebaut. In Amerika sind die südlichen USA und Brasilien wichtige Anbaugebiete.

Verwendung Reis ist in O-Asien das Hauptnahrungsmittel und eine der weltwirtschaftlich bedeutsamsten Nutzpflanzen – für mehr als die Hälfte der Weltbevölkerung gehört er zur täglichen Ernährung. Verwendet werden die Reiskörner, die botanisch wie alle Getreidekörner keine Samen, sondern Früchte darstellen. Ihr Stärkegehalt liegt bei 80 %. Nach Verzuckerung der Reisstärke gewinnt man durch Vergären Reiswein (Sake) und durch anschließende Destillation Reisschnaps (Arrak). Reisstroh ist ein bedeutsamer Rohstoff für die Papierherstellung. Vor allem Zigarettenpapier ist meist auf Reisbasis hergestellt.

Wissenswertes Beim Dreschen der geernteten Reispflanzen fallen Körner mit anhaftenden Spelzen an, der so genannte Paddyreis. Sie werden in Reismühlen zum Braunreis entspelzt. Im 19. Jahrhundert führte man das Polieren der Körner zum Weißreis ein, bei dem außer den Spelzen auch der Embryo sowie die protein- und vitaminreichen Frucht- und Samenschalen des Reiskorns entfernt werden. Daraus ergaben sich für die ostasiatische Bevölkerung, die auf Reisnahrung angewiesen ist, schwerwiegende Mangelkrankheiten. Moderne Aufbereitungsmethoden vermeiden diese Problematik.

Zwei Formen der Reiskultur sind zu unterscheiden: Der Trocken- oder Bergreis wird auf normalen Äckern wie übliches Getreide angebaut. In den Tropen kann er noch in Höhen bis etwa 2000 m gedeihen, soweit genügend Niederschlag fällt. Der Wasser- oder Sumpfreis dagegen in besonderen Saatbeeten vorkultiviert und dann auf Felder verpflanzt, die mit Dämmen für das Fluten eingerichtet sind. Der Wasserstand muss bei dieser Nasskultur regulierbar sein und der Wuchshöhe der Pflanzen angepasst werden. Die Reisernte erfolgt nicht bei der Vollreife, weil sonst zu viele Körner verloren gehen, sondern bei der Gelbreife.

Reis ist in vielen Sorten und Handelsformen auf dem Markt. Apati oder Grünreis ist die teuerste Sorte, sie stammt aus Vietnam. Noch vor der Reife geerntet, müssen die weichen Körner einzeln von Hand aus den Rispen gelöst werden. Basmati ist ein besonders aromatischer Langkornreis aus den Vorgebirgen des Himalaja. Er bleibt beim richtigen Zubereiten (nur 8 min kochen und dann höchstens 10 min ziehen lassen) schön körnig. Patnareis ist ein polierter Langkornreis; man kocht ihn etwa 20 min, wobei er sich auf das Anderthalbfache seines Volumens ausdehnt. Für Sushis verwendet man in Japan einen speziellen rundkörnigen Klebreis.

Knollen-Sauerklee, Oca

Oxalis tuberosa (O. oca) Sauerkleegewächse *(Oxalidaceae)*

H bis 0,3 m Staude

International: acederilla, oca (E),
acetosella (I), oseille de bûcheron (F),
oca, New Zealand yam (GB)

Merkmale Ausdauernde, kleine
Pflanze mit aufrechten, verzweigten
Stängeln; Blätter lang gestielt, wechselständig, weich behaart, handförmig gefiedert, Fiedern breit rundlich
3-eckig, oft leicht rötlich überlaufen;
Blüten leuchtend gelb.

Herkunft und Verbreitung Die
Pflanze stammt aus den Anden Ecua-
dors und Perus, wo sie von den Hoch-
landindianern schon vor Jahrhunderten angebaut wurde. In den Hoch-
lagen bis über 4000 m ist sie ertrag-
reicher als viele andere Kulturpflanzen. Heute kultiviert man die Art in
Sorten auch in anderen Gebieten
Mittel- und S-Amerikas sowie in Neuseeland, wo sie botanisch nicht korrekt als „yam" bezeichnet wird und so
auch auf europäische Märkte kommt.

Verwendung Erntegut sind die 7 bis
15 cm langen, etwas kerbigen, stärkehaltigen Sprossknollen, die sich am
Ende unterirdischer Ausläufer entwickeln. Die roh leicht süßlich und
wegen des sortenabhängig unterschiedlichen Oxalsäuregehaltes
eventuell auch stärker bitter schmeckenden Knollen werden wie Kartoffeln zubereitet. Man kann sie demnach auch dünsten, backen oder
frittieren. In S-Amerika werden oxal-
säurearme Sorten auch getrocknet
oder zu einer käseartigen Masse,
„caya" genannt, fermentiert, wobei
sich auch der Geschmack verbessert.

Wissenswertes Die weißen, gelblichen oder leicht rötlichen Knollen
entstehen nur im Kurztag, während
die Ausläufer im Langtag zu oberirdischen Trieben auswachsen.

Palmblatttang

Palmaria palmata Palmblatttanggewächse *(Palmariaceae)*

H bis 0,5 m   Rotalge

International:
palmaria (E, P, I), palmaire (F),
palmaria (GB)

Merkmale   Kräftige Rotalge mit flachen, blättrigen Abschnitten, unregelmäßig fingerförmig oder gabelig geteilt, mit rundlichen, bis 5 cm langen Randlappen, ziemlich einheitlich dunkel purpurrot bis bräunlichrot, ohne deutlichen Stielteil.

Herkunft und Verbreitung   Ganzjährig häufig auf Steinen und Felsen in der unteren Gezeitenzone. Nördlicher Atlantik von Spitzbergen bis Portugal, auch in Kanada. Fehlt in der südlichen Nordsee.

Verwendung   Erntegut ist die gesamte Rotalge. Man verwendet sie roh in Salaten oder bereitet sie wie Gemüse zu. Getrocknete Algen werden zuvor in Wasser eingeweicht. Wie alle Meeresalgen enthält auch der Palmblatttang reichlich lebenswichtige Spurenelemente und Vitamine. Traditionell in Irland, Schottland und der Bretagne gegessen.

KüchenTipp

Palmaria-Pfanne: Frische oder eingeweichte Algen in Süßwasser gründlich abspülen, wie Salatblätter in kleinere Stücke zerpflücken und in Wasser weichkochen. Kochwasser abgießen, dann die Algen mit einem Stich Butter versetzen, nochmals auf kleiner Flamme kurz umschwenken, mit Pfeffer und Salz würzen. Zusammen mit anderen Gemüsen (Mohrrüben, Gemüse-Paprika, Blumenkohl) und Kartoffeln warm servieren.

Avocado, Butterfrucht

Persea americana Lorbeergewächse *(Lauraceae)*

H bis 15 m · Baum
International: aguacate (E), abacate
(P), avocado (I), avocat (F), avocado
pear (GB)

Merkmale Immergrüner, mittelgro-
ßer Baum mit kurzem Stamm und
dichter Krone; Blätter wechselständig, spitzoval, bis 30 cm lang und 8 cm
breit, unterseits blass-, oberseits
matt dunkelgrün; Blüten klein, grünlich, zahlreich in Rispen; Beere (nicht
Steinfrucht!) sortenabhängig bis
30 cm lang; Fruchtfleisch zart hellgrün, butterweich, mit etwa 24 % Fett
und einem großen, hartschaligen,
cremeweißen, nicht essbaren Samen.
Herkunft und Verbreitung Ursprünglich in Mittelamerika (Mexiko),
heute in zahlreichen Sorten überall in
den Tropen angebaut. Die in Deutschland gehandelten Früchte kommen
meist aus Israel oder S-Afrika.

Verwendung Die kalorienreichen
Früchte verzehrt man roh mit Gewürzen durch Auslöffeln oder in Salaten
und anderen Zubereitungen (vgl.
Rezeptanregung). Das Fruchtfleisch
schmeckt mild sahnig und etwas
nach Nüssen – es passt hervorragend
zu Garnelen oder kalten Fischfilets
(Forelle, Lachs). Avocados sollte man
weder einfrieren noch das Fruchtfleisch bei der Zubereitung erhitzen,
weil sich sonst ein stark bitterer Geschmack entwickelt. Aufgeschnittene
Früchte verfärben sich beim Lagern
ähnlich wie Äpfel oder Bananen, was
allerdings durch Aufträufeln von etwas Zitronensaft leicht zu verhindern
ist. Gibt die Schale unter leichtem
Druck nach, ist die Avocado zum Verzehr geeignet.
Wissenswertes In Europa fanden
die Avocados erst gegen Ende des
19. Jahrhunderts größeres Interesse.

Der Pflanzenname geht auf das aztekische Wort *ahuacatl* zurück. Eigentümlich ist die Bestäubungsbiologie: Bei den Avocadobäumen öffnet die Variante A ihre Blüten nur vormittags, wobei jedoch nur die Narben funktionieren, während die Staubblätter der gleichen Blüten ihren Pollen erst am Nachmittag des Folgetages freigeben; beim anderen Blütentyp B können die erst nachmittags geöffneten Blüten auch nur dann bestäubt werden, während sich die Staubblätter erst am folgenden Vormittag öffnen. Eine erfolgreiche Bestäubung ist strikt nur zwischen A und B möglich, was im Plantagenbau berücksichtigt werden muss. Wegen ihrer Rauschaligkeit nennt man die Frucht auch Alligatorbirne.

Avocado – eine einsamige Beere

Gefüllte Avocados

Zutaten (4 Portionen): 3 Eier, 8 dunkle Oliven (entsteint), 2 Avocados, 50 g Nordseekrabben (gegart), Petersilie, Kopfsalat, Senf, Olivenöl, Weinessig, Pfeffer, Salz.

Zubereitung: Eier hart kochen und schälen. Avocados halbieren, Samen entnehmen, Fleisch auslösen (Schalen dabei nicht verletzen!), fein würfeln, vorsichtig die Krabben(stückchen) untermischen. Öl und Essig mit Olivenscheibchen und Petersilie verrühren, dann über die Krabben/Avocado-Stückchen gießen, die Mischung in die leeren Avocado-Schalen füllen und mit gehacktem Ei bestreuen. Mit Kopfsalatblättern, gekochten Eihälften und Krabben (Shrimps) auf einer Platte garnieren, eventuell zusammen mit einem bunten Reis-/Erbsen-/Mais/Krabben-Salat und Weinessig/Öl-Dressing servieren. Dazu passt ein trockener Weißwein, beispielsweise Chardonnay (Chablis).

Avocado kann auch eine attraktive Zimmerpflanze sein. Den frischen Kern mit der Spitze (Ende mit dem hellen Fleck) nach oben in eine Mischung aus nährstoffreicher Anzuchterde und Kies in einen hohen Blumentopf legen, eine Plastiktüte als Mini-Gewächshaus überstülpen, gut feucht halten und an einen hellen, warmen Platz stellen. Die Keimung kann bis 12 Wochen auf sich warten lassen, dann wächst der Sämling aber sehr rasch. Sollte die Pflanze zu groß werden, kann man den Stängel am besten über einem Blattpaar kappen und damit Verzweigungswachstum auslösen. Während der wärmsten Sommerwochen kann man die Avocado-Bäume auch draußen aufstellen.

Feuer-Bohne, Scharlach-Bohne *Phaseolus coccineus*
(Ph. multiflorus) Schmetterlingsblütengewächse *(Fabaceae)*

H bis 4 m   Staude

International: judia escarlata (E),
fagioglio scarlatto (I), haricot
d'Espagne (F), scarlet bean (GB)

Merkmale   Mehrjährige, meist aber
nur einjährig kultivierte Pflanze mit
links windendem Stängel; Blätter
wechselständig, lang gestielt, 3-zäh-
lig gefiedert; Blüten einzeln oder zu
mehreren in Trauben in den Blattachseln, scharlachrot, sortenabhängig
auch weiß; Hülse schlank, etwa
10–30 cm lang, seitlich zusammenge-
drückt, mit 7–11 Samen (Bohnen) bis
2,5 cm lang, scharlachrot oder violett-
rötlich sowie schwarz gesprenkelt.
Herkunft und Verbreitung   Die Art
stammt von der in M- und S-Amerika
beheimateten Wildform *Phaseolus
aborigineus* ab, aus der schon vor
mehreren Jahrtausenden Kulturboh-
nen gezüchtet wurden. Feuer-Boh-
nen sind heute in vielen tropischen
und subtropischen Gebieten ein
wichtiges Grundnahrungsmittel.
Verwendung   Die reifen, getrockneten, proteinreichen Samen werden
gekocht gegessen, meist in Suppen
oder in Eintöpfen. Ein traditionelles
Gericht aus Mexiko ist Chili con carne,
bei dem man vorzugsweise eine rote
Bohnensorte verwendet. Auch isst
man die unreifen Hülsen als Frischgemüse.
Wissenswertes   Auch die bei uns
einjährig gezogene Garten- oder
Stangen-Bohne *(Ph. vulgaris)* stammt
ursprünglich aus Mittel- bzw. S-Amerika. Sie entwickelt eine bis 20 cm lange und 1 cm dicke Hülse mit 5–9 meist
weißen Samen. Alle rohen Bohnensa-
men enthalten einen Giftstoff, der nur
beim Erhitzen während der Zubereitung, nicht aber beim Trocknen zer-
stört wird.

Lima-Bohne, Mond-Bohne
Phaseolus lunatus Schmetterlingsblütengewächse *(Fabaceae)*

H bis 3 m Staude

International: judia de Lima (E), fagioglio die Lima (I), haricot de Lima (F), butter bean (GB)

Merkmale Ausdauernde, in Kultur jedoch einjährig gezogene Pflanze mit links windendem Stängel, kletternd oder buschig verzweigt; Blätter wechselständig, 3-zählig gefiedert, Fiedern rautenförmig bis elliptisch; Blüten einzeln oder in Trauben in den Blattachseln, weiß oder hellviolett; Hülsen 5–15 cm lang, seitlich abgeflacht, mit je 2–4 rundlichen, ziemlich flachen Samen, sortenabhängig blassgrün, rötlich, hellbraun oder violett und auch in der gleichen Hülse verschiedenfarbig, immer fein gerillt.

Herkunft und Verbreitung Die Art ist in Mittel- und S-Amerika heimisch und wurde dort schon vor Jahrtausenden angebaut. Sklavenhändler brachten sie nach Afrika, heute ist sie in den gesamten Tropen sowie in vielen Regionen der gemäßigten Zonen in Kultur.

Verwendung Die proteinreichen reifen Samen werden gekocht als Gemüse oder in Eintöpfen gegessen. Regional stellen sie ein wichtiges Grundnahrungsmittel dar.

Wissenswertes Aus der Gattung *Phaseolus*, die in Europa erst durch Kolumbus bekannt wurde, sind weitere Arten weltwirtschaftlich von Bedeutung, darunter die Tepary- oder Texas-Bohne *(Ph. acutifolius)*. Weitere kulinarisch interessante und in der Zubereitung wie die bekannteren verwendete Arten sind Katjangbohne *(Cajanus cajan)*, Helmbohne *(Dolichos lablab)*, Schwertbohne *(Canavalia gladiata)*, Goabohne *(Psophocarpus tetragonolubus)* und Jackbohne *(Mucuna* spp.).

Nabel-Hauttang
Porphyra umbilicalis Hauttanggewächse *(Bangiaceae)*

H bis 0,2 m Rotalge
International:
nori (E, P, I, F), laver (GB)

Merkmale Häutige, papierdünne, aber erstaunlich reißfeste Rotalge, meist hell olivbraun bis schwarz-purpurn, im Umriss rundlich oder von unbestimmter Form, meist etwas gekräuselt oder wellig-faltig, an der Wuchsunterlage mit einer nabelartigen Scheibe befestigt, trocknet zur Ebbezeit knistertrocken aus, stirbt dabei aber nicht ab, sondern kehrt mit dem ersten Flutspritzer wieder in das aktive Leben zurück. Dem Nabel-Hauttang sehr ähnlich ist der nahe verwandte Purpur-Hauttang *(Porphyra purpurea)*.

Herkunft und Verbreitung Überall an atlantischen Felsküsten in der oberen Gezeitenzone verbreitet und vom zeitigen Frühjahr bis in den Frühherbst häufig.

Verwendung Rotalgen der Gattung *Porphyra* sind eine hochwertige, proteinreiche, aber kalorienarme und dazu recht leicht verdauliche Naturkost, die man entweder roh oder nach Garen als Gemüse zubereitet.

Wissenswertes In der ostasiatischen Küche werden nahe verwandte und fast identisch aussehende Arten (vor allem *P. tenera*) schon seit Jahrtausenden als Grundnahrungsmittel genutzt und seit längerem im offshore-Farmbetrieb (= Marikultur) gezüchtet. Auch in Europa hat die kulinarische Verwendung Tradition: Im keltischen NW-Europa (Bretagne, Wales, Irland, Schottland) stellt man aus Hauttang ein fladenartiges Gebäck (laver bread) her. In der Bretagne und in der Normandie ist Hauttang Bestandteil des „salade des pêcheurs". Unter der Bezeichnung „Nori" sind verschiedene Hauttang-Arten als getrocknete Blätter auch in Asien-Läden zu haben.

Schmale, gerollte bzw. gewickelte Streifen von Hauttang sind traditionell die dunkelrote bis schwarzrote Umhüllung von Sushis.

Die *Porphyra*-Arten sind an den europäischen Atlantikküsten mit mehreren, zum Teil nur schwer unterscheidbaren Arten vertreten, die man kulinarisch jedoch allesamt wie den hier näher vorgestellten Nabel-Hauttang verwenden kann. Diese auf den ersten Blick völlig unscheinbaren Meeresrotalgen zeichnen sich durch einen beachtlichen Gehalt an Vitaminen (auf Gewichtsbasis mehr als Citrus-Früchte!) und ein breites Spektrum lebenswichtiger Spurenstoffe (= so genannte Mikronährstoffe) aus, die vielen anderen Lebensmitteln fehlen.

Der Purpur-Hauttang wächst in der unteren Gezeitenzone.

KüchenTipp

Porphyra-Püree

Am Wuchsort gesammelte oder aus dem Asien-Laden besorgte Hauttangstücke in kaltem Leitungswasser waschen und mit wenig Wasser so lange garen, bis die Stücke von selbst zerfallen, dabei aber nicht trocken kochen lassen. Mit gebackenen Schinkenstückchen oder etwas Speck noch einmal kurz erwärmen und als Brotaufstrich servieren.

Chinesische Hauttang-Suppe

Zutaten für 4 Portionen: 1 gute Handvoll Hauttang (in kleinere Stückchen zerteilt), 2 Eier, 3 Zwiebeln (fein gehackt), 0,5 l Fleisch- oder Hühnerbrühe, 1 El Sesamöl.

Zubereitung: Die getrockneten Hauttangstückchen in Wasser einweichen. Brühe erhitzen, kurz vor dem Sieden die gehackten Zwiebeln und die Tangstückchen hinzugeben und umrühren, dann die aufgeschlagenen Eier zufügen, mit Salz und Pfeffer abschmecken und kurz vor dem Servieren etwas Sesamöl zugeben.

Portulak
Portulaca oleracea   Portulakgewächse (*Portulacaceae*)

H bis 0,2 m   Kraut
International: verdolaga (E),
portulaca (I), pourpier (F),
postelein (NL), purslane (GB)

Merkmale   Einjähriges Kraut mit
fleischig verdickter Wurzel und aufrechten oder aufsteigenden, verzweigten Stängeln; Blätter wechselständig, fleischig, mit sortenabhängig
rötlich violetten Blattstielen und grünen, gelblich grünen oder goldgelben
Spreiten, im Umriss rundlich-oval, bis
2 cm lang und fast ebenso breit; Blüten einzeln in den Blattachseln, kräftig hellgelb, kurzlebig, öffnen sich nur
einmal um die Mittagszeit; Kapselfrucht bräunlich.
Herkunft und Verbreitung   Ursprünglich im Zweistromland sowie
in Indien (westliches Himalaja), aber
schon im alten Ägypten häufig als Gemüsepflanze gezogen. In M-Europa

früher ein verbreitetes, gartenflüchti-
ges Wildkraut in den Weinbergen. Die
etwas kräftigere Kulturform wird gelegentlich als eigene Art *Portulaca
sativa* von der meist niederliegend
wachsenden Wildform *P. oleracea* ab-
getrennt.
Verwendung   Portulak ist ein wenig
aus der Mode gekommen, wegen seiner interessanten geschmacklichen
Vorzüge aber zu Unrecht vergessen.
Traditionell verwendete man ihn als
Suppeneinlage, als Zutat zu Salaten
und Kräutersaucen bzw. Kräuter-
quark, aber auch als Gemüse, das
man unter anderem wie Spinat oder
Mangold zubereitet. Besonders in
Frankreich ist Portulak sehr beliebt
und während der Erntezeit auf jedem
Markt zu haben. Im Vorderen Orient
nimmt man klein gehackten Portulak
in einem Jogurt-Dressing zu gegrill-
tem Fleisch. Die Blütenknospen ver-

wendet man mariniert auch als Kapern-Ersatz. Empfehlenswert sind klein gehackte, frische, rohe Portulak-Blätter in einem angenehm saftigen Salat, zusammen mit Kopfsalat, etwas Gurke und Tomate und einem Dressing aus Öl, Essig, Salz und etwas Zitronensaft. Verwendet werden jeweils nur die Blätter der noch nicht blühenden Triebe – während und nach der Blüte schmecken sie nämlich recht bitter.

Wissenswertes Gemüse-Portulak erinnert im Geschmack ein wenig an eine Mischung aus Wasserkresse und Spinat. Die Blätter enthalten Oxalsäure und sollten daher nicht in allzu großen Mengen verzehrt werden. Interessant ist das Vorkommen der ernährungsphysiologisch wichtigen Omega-3-Fettsäuren, die Gefäßerkrankungen wirksam vorbeugen. Eine nahe Verwandte des Portulak ist

der Kubaspinat, auch Winterportulak genannt (vgl. S. 129).

KüchenTipp

Libanesischer Fattoush
Zutaten (6 Portionen): 1 Baguette oder Sesambrot (frisch geröstet und gewürfelt), 1 Gewürzgurke, 3 Tomaten (gewürfelt), 1 Handvoll Radieschen (in Scheiben oder geviertelt), 6 Frühlingszwiebeln, 1 Handvoll Petersilie (grob gehackt), 1 Handvoll Minze (grob gehackt), 1 Bund Portulak (zerpflückt), 6 EL Zitronensaft, 6 EL Olivenöl. Zubereitung: Gewürzgurke in kleine Stücke schneiden, alle weiteren Gemüse und Kräuter untermischen. Dressing aus Öl und Zitronensaft (mit Salz und Pfeffer abgeschmeckt) über den Salat geben, Brotwürfel hinzufügen, mischen und sofort servieren.

AnzuchtTipp

Gemüse-Portulak ist in der Kultur recht anspruchslos und gedeiht sogar noch im lichten Halbschatten unter Obstbäumen. Man sät von Mai bis September etwa alle 2 Wochen neu auf gut gereifter Komposterde aus und vereinzelt auf etwa 20 cm Reihenabstand. Ständige Neusaat ist erforderlich, um ständig erntefrische Pflanzen zu haben, denn Portulak lässt sich schlecht lagern.

Schlangenhautfrucht, Salak

Salacca edulis Palmengewächse *(Arecaceae)*

H bis 5 m Baum oder Großstrauch

International:
salak (E), salacca (I), salak (F),
snake fruit (GB)

Merkmale Immergrüne, stark bedornte Palme mit unterirdisch wachsendem Spross, daher oft kriechend bis horstförmig; Blätter gefiedert, bis 7 m lang, Blattstiel unterseits mit kräftigen grauen oder schwarzen Dornen; Fiedern linealisch, bis 65 cm lang und etwa 8 cm breit, oberseits glänzend; männliche Blüten rot, weibliche gelblich, auf getrennten Individuen, zahlreich in bis zu 1 m langen Blütenständen; Steinfrucht ei- oder birnenförmig, bis 10 cm lang und 7 cm breit, zu 15–35 dicht gedrängt wie die Körner im Maiskolben, außen mit dachziegelartig angeordneten Schuppen und daher vom Aussehen einer Schlangenhaut.

Herkunft und Verbreitung Das genaue Ursprungsgebiet ist unbekannt. Die Salakpalme kommt heute vor allem auf Java und Sumatra wild vor, wird aber auch in anderen Regionen SO-Asiens kultiviert.

Verwendung Das hell gelbliche, leicht süß-sauer schmeckende Fleisch wird vollreif wie Obst gegessen. In Indonesien bereitet man aus den noch nicht vollreifen Früchten einen würzigen Salat oder legt sie als Pickles ein. Auf europäischen Märkten sind die reifen Früchte wegen der sehr beschränkten Transport- und Lagerfähigkeit kaum zu finden.

Wissenswertes Wegen der dichten Bedornung der Blattstiele und Blattscheiden pflanzt man die Salakpalmen gerne als undurchdringliche Schutzhecken. Die Blätter mit den besonders breiten Fiedern dienen zum Eindecken von Häusern.

Chayote, Stachelgurke
Sechium edule   Kürbisgewächse *(Cucurbitaceae)*

H bis 15 m   Kletterstrauch

International:
chayote (E, I), chouchou (F),
chayote (GB)

Merkmale   Mehrjährige Kletterpflanze mit großer Wurzelknolle, klettert mit Hilfe verzweigter Blattranken; Blätter wechselständig, lang gestielt, von rundlichem Umriss oder leicht gelappt, an der Basis etwas gefurcht, bis 15 cm lang; Blüten blassgrün bis gelblich, klein, glockig, weibliche Blüten einzeln in den Blattachseln, männliche in kurzen Trauben; Beerenfrucht 8–15 cm lang, birnenförmig, grün, gelblich oder weiß, oft locker bestachelt, bis 0,5 kg schwer, 1-samig.

Herkunft und Verbreitung   Beheimatet in Mittelamerika und im nördlichen S-Amerika, heute in fast allen Gebieten der Tropen im Anbau, vor allem in Amerika mit Schwerpunkt in Guatemala.

Verwendung   Die Früchte – schon von den Azteken, Maya und anderen indigenen Völkern im Ursprungsgebiet vielfach genutzt – werden roh oder gekocht als Gemüse gegessen; sie erinnern im Geschmack ein wenig an Zucchini und haben wegen ihres bemerkenswerten Ertragsreichtums auch heute noch große Bedeutung. Auch die stärkehaltigen und mehrere Kilogramm schweren Wurzelknollen werden als Gemüse verzehrt. Die gerösteten Samen schmecken angenehm nussartig. Kühl gelagert sind die Früchte mehrere Wochen lagerfähig.

Wissenswertes   Der Samen enthält einen im Vergleich zu den anderen Arten der Familie besonders großen Embryo. Dieser keimt fast immer noch in der Frucht.

Aubergine, Eierfrucht

Solanum melongena Nachtschattengewächse *(Solanaceae)*

H bis 1,5 m   Staude

International: berenjena (E), beringela (P), melanzana (I), aubergine, melongène (F), eggplant (GB)

Merkmale Mehrjährige, aber meist nur einjährig kultivierte Pflanze mit aufrechtem, verzweigtem, an der Basis leicht verholztem und rau bestacheltem Stängel; Blätter wechselständig, im Umriss elliptisch bis eiförmig, gelappt, am Stielansatz rundlich oder andeutungsweise herzförmig, unterseits filzig behaart, mitunter leicht violett überlaufen; Blüten violett, 3–5 cm breit, glockenförmig, einzeln oder zu 2 gegenüber den Blättern; Beerenfrucht an gekrümmtem Fruchtstiel hängend, ei- bis wurstförmig, wird bis zu 1 kg schwer, meist schwarzviolett, daneben auch sortenabhängig weißlich, gelb oder gefleckt.

Herkunft und Verbreitung Die Wildpflanze stammt aus dem tropischen Hinterindien (Birma) und S-China. Die Araber machten sie in Europa bekannt. Heute wird die Art weltweit kultiviert. Die in Deutschland im Handel erhältlichen Früchte stammen meist aus Italien, wo sie schon seit 1550 angebaut werden, oder aus Gewächshauskultur in Holland.

Verwendung Von den Tropen bis nach Nordeuropa sind Auberginen ein beliebtes Gemüse. Kühl gelagert sind sie etwa 2 Wochen haltbar. Im Unterschied zu den zu den nahe verwandten Fruchtgemüsen Tomate und Paprika sind Auberginen nicht für den Rohverzehr geeignet, überraschen aber gedünstet, gekocht oder gebraten mit interessanten kulinarischen Eigenschaften. Da die Früchte keinen ausgeprägten Eigengeschmack aufweisen, werden sie erst durch die mitverwendeten und reichlich zu dosierenden Gewürze wie Basilikum, Estragon, Knoblauch, Oregano oder Pfeffer zu einem schmackhaften Gemüse.

Wissenswertes Obwohl viele heute als Gemüse genutzte Nachtschattengewächse wie Kartoffel, Paprika und Tomate in S-Amerika beheimatet sind, hat auch die Alte Welt einige nutzbare Arten beigesteuert. Die Aubergine ist dafür eines der wenigen heute fast weltweit geschätzten Beispiele. Vor allem die asiatische Küche verwendet die sortenreich angebaute Aubergine in verschiedenen interessanten Zubereitungsformen.

Päpstliches Auberginengericht

Das folgende Rezept stammt aus der Provence und geht auf die Zeit zurück, als die Päpste eine Zeit lang in Avignon residierten und nicht glauben wollten, dass die provenzalische Küche der römischen nicht nachsteht.

Zutaten: 4–6 Auberginen, 0,1 l Olivenöl, 0,1 l Milch, 2 Eier.

Zubereitung: Auberginen schälen und in dicke Scheiben schneiden, diese (zur Minderung des sortenabhängig etwas bitteren Beigeschmacks) kräftig mit Salz bestreuen, ziehen lassen und kurz abwaschen, dann abtupfen, mit Öl bepinseln und im offenen Topf garen; anschließend durch ein Sieb passieren, in die Masse Milch und Eier einrühren, mit Salz abschmecken. Die gesamte Masse mit etwas Öl in eine feuerfeste Form geben und etwa 10 min lang garen lassen. In der Form servieren, zusammen mit Baguettescheiben und einem Rotwein (am besten Château neuf du Pape).

Schlangengurke
Trichosanthes cucumerina (T. anguina) Kürbisgewächse *(Cucurbitaceae)*

H bis 5 m   Kraut
International:
snake gourd (GB)

Merkmale Einjährige Kletterpflanze mit schlanken, etwas kantigen, wenig verzweigten Stängeln; Blätter wechselständig, gestielt, im Umriss oval, meist 5-lappig eingeschnitten und fein gekerbt, oberseits dunkelgrün; Blüten einzeln in den Blattachseln, männliche und weibliche Blüten auf dem gleichen Individuum, Kronen weiß, am Rand auffällig lang bewimpert; Beerenfrucht (= Gurke) mit maximal 2 m spektakulär lang.

Herkunft und Verbreitung Heimisch in O- und SO-Asien, heute im Ursprungsgebiet und auch in Afrika oft angebaut. In Europa wegen der ungewöhnlichen Früchte fast nur in Botanischen Gärten zu sehen.

Verwendung Die gewöhnlich über 1 m langen und bis 10 cm dicken, dabei schlangenartig gewundenen grünen Früchte werden in Asien und Afrika als Gemüse zubereitet, ebenso die jungen Sprosse und die Blätter. Im Geschmack und in der Konsistenz ähnelt das Fruchtfleisch der Luffagurke (vgl. S. 150). Daneben spielen sie in der Volksmedizin eine gewisse Rolle.

Wissenswertes Die auch in M-Europa in Gewächshäusern und seltener in Gärten gezogene Salat-Gurke *(Cucumis sativus)*, deren dunkelgrüne Beerenfrüchte bis 50 cm lang werden können, wird mitunter ebenfalls als Schlangengurke bezeichnet, so dass Verwechslungen mit der hier vorgestellten Art möglich sind. Aus der umfangreichen Familie der Kürbisgewächse werden zahlreiche weitere Arten als Gemüsepflanzen kultiviert.

Meersalat
Ulva lactuca Meersalatgewächse *(Ulvaceae)*

H bis 1 m Grünalge
International: lechuga del mar (E),
lattuga di mare (I), laitue de mer (F),
sea lettuce (GB)

Merkmale Einjährige, dünnhäutige,
folienartige und meist grasgrüne
Meeresalge von variablem Umriss,
ziemlich reißfest, manchmal wellig-
faltig, jedoch nicht hohl, handflä-
chengroß oder größer, mit glatten, oft
auch fetzig zerrissenen Rändern, iri-
siert unter Wasser leicht bläulich.

Herkunft und Verbreitung In allen
Weltmeeren von den gemäßigten
Breiten bis in die Tropen in der Gezeitenzone verbreitet, kommt auch in
der westlichen Ostsee vor.
Verwendung Meersalat wird in vielen Küstengegenden roh, getrocknet
oder nach Zubereitung als Salat(zutat) oder Gemüse gegessen.
Wissenswertes In Japan Bestandteil eines Aonori genannten Gewür-
zes von fischiger Note. In Frankreich
im „Salade des pêcheurs" enthalten.

KüchenTipp

Meersalat gedünstet: 200 g Meersalat, in Süßwasser gründlich waschen und
fein zerkleinern; weitere Zutaten für 2 Portionen: 3 kleine Zwiebeln (fein gehackt), 1 Tasse Sahne, Saft einer halben Zitrone, 2 TL Weinessig, 1 EL Olivenöl.
Meersalat in Öl über kleiner Flamme kurz erhitzen und abkühlen lassen; aus
den übrigen Zutaten ein Dressing anrühren und mit dem Meersalat vermi-
schen, nach Geschmack mit Pfeffer würzen und mit einem trockenen Weißwein als Vorspeise servieren.

Mungbohne, Lunjabohne, Jerusalembohne

Vigna radiata (Phaseolus aureus) Schmetterlingsblütengewächse *(Fabaceae)*

H bis 1 m   Kraut

International:
frijol mungo (E), fagiolino mungo (I),
haricot velu (F), mung bean (GB)

Merkmale Einjährige, buschig verzweigte Pflanze mit windendem, abstehend rau behaartem Stängel; Blätter wechselständig, bis 7 cm lang gestielt, 3-teilig gefiedert, behaart, Fiedern eiförmig, am Grunde gerundet oder leicht keilförmig, vorne spitz, bis 10 cm lang und 7 cm breit; die Blüten sind sortenabhängig gelblich grün bis hell rötlich, um 1 cm lang, zu mehreren gedrängt in blattachselständigen Trauben; Hülse hängend, grün bis braun, sie ist rötlich behaart, bis 10 cm lang und knapp 1 cm breit, sie enthält bis 15 olivgrüne, selten auch anders gefärbte rundlich-tonnenförmige Samen, diese etwa 0,5 cm groß, an der Samenansatzstelle nur schmal schwarz umrandet.

Herkunft und Verbreitung In Indien und Burma beheimatet, als Wildpflanze jedoch unbekannt, im tropischen und subtropischen Asien heute weit verbreitet und in zahlreichen Sorten angebaut, dazu auch in der Karibik.

Verwendung In Indien ist die Mungbohne neben Reis eines der wichtigsten Gemüse und wird vor allem gekocht verzehrt. Aus dem Mehl der getrockneten Samen bäckt man ein gewürztes Fladenbrot. In China verwendet man auch die frisch gekeimten und besonders proteinreichen Samen als Frischgemüse. Diese würzig-nussartig schmeckenden und vitaminreichen Mungbohnensprosse sind in Europa manchmal unter der unzutreffenden Bezeichnung Sojakeimlinge auf den Markt.

Augenbohne, Kundebohne, Kuhbohne

Vigna unguiculata Schmetterlingsblütengewächse *(Fabaceae)*

H bis 4 m   Kraut

International:
judia esparrago (E), fagiolino nero (I), dolique (F), cow pea (GB)

Merkmale   Sortenabhängig einjährige oder ausdauernde kletternde Pflanze; Blätter wechselständig, 3-zählig gefiedert, Fiedern bis 10 cm lang gestielt, oval, kurz zugespitzt, am Grunde herzförmig eingeschnitten, anfangs schwach flaumig behaart, später kahl, bis über 10 cm lang; Schmetterlingsblüten blass gelblich bis hellviolett, bis 3,5 cm groß, zu mehreren in aufrechten oder hängenden Trauben; Hülsen schmal-zylindrisch, bis 30 cm lang, bei manchen Sorten sogar noch länger; Samen oval, schwach gekrümmt; heller Samenansatz schwärzlich umrahmt (daher „Augen"bohne).

Herkunft und Verbreitung   Ursprünglich nur im tropischen Afrika beheimatet, heute in vielen Formen in den Tropen weltweit angebaut.

Verwendung   Die proteinreichen Samen werden ebenso wie Erbsen oder Gartenbohnen als Gemüse gegessen, ebenso die jungen Hülsen (SO-Asien) und die Blätter nach Dünsten in Öl (Indonesien). Die getrockneten Samen verarbeitet man auch zu Mehl oder röstet sie in Öl. Gekeimte Samen nutzt man ähnlich wie Sojasprossen in Salaten.

Wissenswertes   Augenbohnen gehören neben einigen anderen Arten wie Adzukibohne, Luzerne, Mungbohne (vgl. S. 172), Kichererbse, Sonnenblume und Straucherbse markttechnisch zum so genannten Sprossengemüse, worunter man die ohne Erde herangezogenen Keimlinge versteht.

Nüsse und Nussartige

Cashewnuss
Anacardium occidentale Sumachgewächse (Anacardiaceae)

H bis 10 m | Baum ganzjährig

International:
marrañon (E), anacardio (I),
anacardier (F), cashew (GB)

Merkmale Immergrüner Baum mit breitovalen, vorne gerundeten, lederigen, ungeteilten, wechselständigen, kahlen und glattrandigen Blättern, 15–20 cm lang; Blattadern dick, auffallend hellgrün; Blüten männlich oder zwittrig, klein, in endständigen, doldenartigen Rispen, grünlich weiß bis gelblich rot. Von diesen setzen aber nur sehr wenige eine Frucht an.

Herkunft und Verbreitung Stammt aus Mittelamerika und O-Brasilien, wurde seit dem 16. Jahrhundert von den Portugiesen in viele tropische Länder eingeführt und wird vor allem in Indien in Plantagen angebaut. Wichtige Produzenten sind heute auch Vietnam, Indonesien, Moçambi-que, Nigeria und Kenia. Die Jahresernte beträgt mehrere 100 000 Tonnen.

Verwendung Roh sind die Kerne der Cashewnüsse leicht giftig, daher kommen sie nur geröstet oder nach anderer Zubereitung in den Handel. Früher wurden sie sofort nach der Ernte in Pfannen geröstet und mühsam von Hand geschält. Heute setzt man dafür spezielle Maschinen ein. Die 3–4 cm langen, nierenförmig gekrümmten und diätetisch wertvollen „Nüsse", eigentlich die Samenkerne, enthalten die Vitamine A, B, D und E sowie Fette mit einem hohen Anteil mehrfach ungesättigter Fettsäuren. Nach Wärmebehandlung schmecken die Samenkerne angenehm mandelartig und leicht süßlich. Sie sind unter anderem häufiger Bestandteil von Studentenfutter, Müsli-Mischungen und Backwaren. In O-Asien verwendet man sie als Gewürz oder isst sie auch als Gemüse.

Wissenswertes Die reif graubraune und glattschalige Cashewnuss ist eine holzige Steinfrucht, die sich als so genannte Elefantenlaus am Ende eines bis 10 cm langen, stark angeschwollenen, reif gelbroten und hängenden Fruchtstiels entwickelt. Dieser hat in etwa das Aussehen von Früchten der Gemüse-Paprika oder von leicht zerdrückten Birnen. Die äußere Schale der eigentlichen Nuss ist so hart, dass sie normalerweise nicht einmal von Nagetieren zu bewältigen ist und den Keimling nur nach längerer Verrottung im Boden freigibt. Zum Auslösen des essbaren nussartigen Samenkerns wird sie mit vorsichtigen Hammerschlägen geöffnet. Den fruchtartig angeschwollenen Fruchtstiel bezeichnet man als Cashewapfel – er ist zwar genießbar, aber kaum lagerfähig. Sein Pseudofruchtfleisch schmeckt leicht säuerlich bis pelzig und wird in den Ursprungsländern nur gelegentlich als Frischobst konsumiert. Häufiger verarbeitet man es dagegen zu Saft, Marmelade bzw. Konfitüre oder vergärt

Die elegant geschwungenen Cashewnüsse sind unverkennbar.

das Fruchtmus auch zu Cashewwein („Feni"). Marinierte Cashewäpfel werden in Südamerika auch wie Essiggurken gegessen. Die holzige Schale der erntefrischen Cashewnüsse enthält ein scharfes, stark hautreizendes Öl, das man durch Destillation für technische Zwecke verwendet, beispielsweise als Holzschutzmittel gegen Termiten oder – da es zu einer gummiartigen Masse erstarrt – als Zuschlag für die Ausgangsmaterialien von Bremsbelägen. Das aus den Kernen abgepresste Öl gilt als wertvolles Speiseöl. Auf europäischen Märkten ist es aber nur sehr selten zu sehen.

KüchenTipp

Nusswaffeln mit Cashewkernen

Zutaten: 200 g Butter oder Margarine, 100 g Zucker, 1 Päckchen Vanillinzucker, 1 Messerspitze Salz, 3 Eier, 50 g Weizenmehl, 75 g Speisestärke, 1 gestrichener TL Backpulver, 100 g gemahlene Cashewkerne.

Zubereitung: Butter (Margarine) mit einem Rührgerät auf höchster Stufe glatt verrühren, schrittweise Zucker, Vanillinzucker und Salz darunter mischen, bis eine einheitliche Masse vorliegt. Dann nach und nach die Eier einrühren. Mehl, Stärke und Backpulver mischen, sieben und in kleinen Portionen in die Masse einrühren. Zuletzt die gemahlenen Cashewkerne unter die Teigmasse heben. Teig portionsweise (zu jeweils 2 EL) in ein vorgeheiztes, leicht gefettetes Waffeleisen geben und goldbraun ausbacken. Fertige Waffeln auf einem Kuchenteller erkalten lassen. Nach Belieben mit frischer Schlagsahne und halbierten sowie gehackten Cashewkernen (zum Aufstreuen) servieren.

Erdnuss
Arachis hypogaea Schmetterlingsblütengewächse *(Fabaceae)*

H bis 0,5 m Kraut

International: cacahuete, mani (E), amendoim (P), cacouette (F), arachide (I), pea nut (GB)

Merkmale Einjähriges Kraut, mit verzweigten, kriechenden oder aufrechten Stängeln, flaumig behaart; Blätter wechselständig, lang gestielt, 2-paarig gefiedert, mit schlanken Nebenblättern; Blüten gelb, bis 20 mm lang, zu 1–6 in Trauben in den Achseln bodennaher Blätter; die Blüte bleibt nur wenige Stunden geöffnet und bestäubt sich selbst; nach der Blüte verlängert sich der untere Teil des Fruchtknotens (Blütenboden) zu einem langen, stielartigen Fruchtträger und schiebt den Abschnitt mit den Samenanlagen etwa 5 cm tief in den Boden. Dort entwickelt sich die Erdnuss. Jede Frucht enthält meist 2 von einer papierdünnen, rötlichen Schale eingehüllte, bis 1 cm lange Samen, die in ihren dicken Keimblättern die Nährstoffe speichert.

Herkunft und Verbreitung
Stammt aus S-Amerika; von der erstmals wohl in den Anden Boliviens angebauten Form kennt man keine Wildpflanze – die spanischen und portugiesischen Eroberer trafen im Ursprungsgebiet bereits ausschließlich die von den Indianern kultivierten Formen an und brachten die Pflanze nach Europa. Von hier gelangte die Art nach Afrika, von wo sie mit dem Sklavenhandel in die südöstlichen USA eingeführt wurde. Lange Zeit galt sie nur als Nahrung armer Leute oder als Tierfutter, ehe man sie im 20. Jahrhundert als wichtige Nutzpflanze entdeckte und mehrere Sorten herauszüchtete. Die wichtigsten Erzeugergebiete sind heute China, Indien und die USA.

Nur wenige Früchte wachsen so lichtscheu wie die Erdnüsse.

Verwendung Die reifen Erdnusskerne weisen einen recht hohen und diätetisch wertvollen Proteingehalt (bis 27 %) auf, doch nutzt man in erster Linie den Fettgehalt: Das aus den Samenkernen abgepresste und fast geschmacksfreie Erdnussöl ist eines der wertvollsten Speiseöle überhaupt. Man verwendet es für Konserven, für die Margarineherstellung oder nach technischer Härtung als Erdnussbutter, anteilig aber auch in der Kosmetikindustrie für Cremes und Seifen. Außer zur Ölgewinnung verzehrt man die Samen geröstet und gesalzen vor allem als Snack. Auch das Stroh der geernteten Erdnusspflanze ist noch relativ proteinreich und liefert in den Erzeugerländern ein ebenso wertvolles Viehfutter wie die Pressrückstände der Samen. Die leeren Schalen verwendet man als Düngemittel, für Faserplatten oder als Brennmaterial.

Wissenswertes Als Vertreter der Schmetterlingsblütler sollte die Erdnuss eigentlich Hülsenfrüchte entwickeln. Tatsächlich sind ihre Früchte aber echte Nüsse, deren Fruchtwand leicht holzig und netzartig runzlig ist. Während sie sich am verlängerten Blütenboden entwickeln, nehmen sie – was ungewöhnlich ist – aus dem Boden ähnlich wie normale Pflanzenwurzeln mineralische Nährstoffe auf direktem Wege auf.

AnzuchtTipp

Die Kultur von Erdnüssen ist relativ einfach. Man steckt die kompletten Nüsse im Mai oder Juni etwa 3–5 cm tief in lockere, leicht sandige Gartenerde, am besten in Pflanzschalen oder flache Kübel, und hält nur mäßig feucht. Die Keimtemperatur sollte ständig mindestens 16 °C betragen – optimal liegt sie zwischen 20 °C und 30 °C. Die Kultur auf der sonnigen Fensterbank ist demnach kein Problem. Nach der Keimung wachsen die Pflanzen sehr rasch und werden innerhalb eines Monats über 20 cm hoch. Sobald das Blattwerk vergilbt, kann man die Pflanzen vorsichtig aus der Anzuchterde heben und die Erdnüsse ernten.

Paranuss, Brasilnuss

Bertholletia excelsa Deckeltopfbaumgewächse *(Lecythidaceae)*

H bis 50 m Baum

International: nuez de Brazil (E), castanha do Brasil (P), noce parà (I), noyé de Para (F), Brazil nut (GB)

Merkmale Immergrüner Baum mit kräftigem, erst im oberen Teil breit fächerförmig verzweigtem Stamm; Blätter wechselständig, lederig, schmal oval, bis 50 cm lang; Blüten vierzählig, gelb, groß, in aufrechten Rispen.

Herkunft und Verbreitung Tiefland des Amazonas und des Orinoko in S-Amerika, nach dem früheren Ausfuhrhafen Parà benannt, wegen der schwierigen Bestäubungsbiologie und der langen Reifezeit der Früchte (bis 18 Monate) kaum in Plantagen angebaut. Die auf dem Weltmarkt gehandelten Nüsse werden von November bis März in den Regenwaldgebieten gesammelt.

Verwendung Die als Nüsse bezeichneten und angenehm schmeckenden Samen liefern ein wertvolles Speiseöl, das auch in der Kosmetikindustrie genutzt wird. Nur wenige Monate haltbar.

Wissenswertes Die eigentlichen Früchte sind kopfgroße, bis 2 kg schwere Kapseln mit stark verholzter Wand. Sie enthalten bis zu 20 3-kantige, extrem hartschalige, leicht gekrümmte Samen. Ihre Fettreserve liegt im Stiel des so genannten Embryos. Die wertvollen Proteine der Para„nüsse" rufen bei empfindlichen Personen fallweise starke Allergien hervor. Außerdem reichern Paranüsse seltene Spurenstoffe wie Barium, Caesium, Strontium und Kobalt an, auf uranhaltigen Böden sogar Radium. Da sich die verholzten Kapseln nicht von selbst öffnen, sind sie in der Natur auf die Mithilfe von großen Nagetieren (Agouti-Arten) angewiesen.

Pekannuss
Carya illinoensis Walnussbaumgewächse *(Juglandaceae)*

H bis 60 m   Baum

International: pecán (E),
pecana (P), noce di pecan (I),
noix de Pécan (F), pecan (GB)

Merkmale Sommergrüner, imposanter Baum mit breiter Krone; Blätter unpaarig gefiedert, bis 50 cm lang; Fiedern leicht sichelförmig, lang zugespitzt, fein gesägt; männliche Blüten in langen Kätzchen, weibliche in kurzen Ähren zu 2–10 an den Triebspitzen; Windbestäubung.

Herkunft und Verbreitung Ursprünglich in den Tälern des Mississippi und seiner Nebenflüsse in den Südstaaten der USA; heute auch in Mexiko, Brasilien, Südafrika, Australien und Israel angebaut.

Verwendung Die angenehm süßlich schmeckenden, länglich-ovalen und trocken dunkelbraunen Pekannüsse sind die Samenkerne. Man isst sie roh, gezuckert oder gesalzen. Pekannussöl ist ein wertvolles Speiseöl.

Wissenswertes Der Pekannussbaum gehört zu einer artenreichen Gattung, die man auch Hickory nennt. Das Holz ist ausgesprochen hart und wird zu Sportgeräten (Baseballschläger) und Parkettböden verarbeitet. Wie die nahe verwandte Walnuss ist die Pekannuss der Kern einer relativ dünnschaligen Steinfrucht.

KüchenTipp

Ganze oder halbierte Pekannüsse sind eine empfehlenswerte Zutat zu Blattsalaten, beispielsweise Rapunzel, Rucola und Endivie oder einem Gemüsesalat aus Brokkoli mit gewürfelter Paprika an einem Dressing aus Senf, Olivenöl.

Edel-Kastanie, Ess-Kastanie

Castanea sativa Buchengewächse *(Fagaceae)*

H bis über 50 m   Baum

International: castaña (E),
castanha (P), castagna, marrone (I),
marron (F), sweet chestnut (GB)

Merkmale Sommergrüner Baum
mit breiter, rundlicher Krone aus dicken, kurzen Ästen; Blätter wechselständig, mitunter an den Zweigen
auch 2-zeilig, 10–30 cm lang, läng-
lich-lanzettlich, an der Basis breit
keilförmig, schlank zugespitzt, randlich mit groben, nach vorne weisen-
den Zähnen, in die jeweils ein kräftiger Seitennerv ausläuft, oberseits
glänzend dunkelgrün, unterseits heller, ledrig, kahl; männliche Blüten in
schlanken, bis zu 15 cm langen, abstehenden Kätzchen, duften angenehm, weibliche Blütenstände in
Gruppen zu 2–3 an deren Basis. Nussfrüchte bis 3 cm lang, zu 1–3 in einem
spitz und dicht bestachelten, hellgrü-

nen Fruchtbecher eingeschlossen,
der aus den Tragblättern der Einzelblüten hervorgeht, öffnet sich zur Reifezeit mit 4 breiten Zipfeln. Fruchtrei-
fe ab September.

Herkunft und Verbreitung Ursprünglich nur von der Iberischen
Halbinsel über den Südalpenraum bis
zum Balkan und nach Kleinasien verbreitet, in südlichen Gebirgen bis zur
Laubwaldgrenze (ca. 1400 m). Von
den Römern nach Mitteleuropa eingeführt, hier in wintermilden Gebieten mit Weinbauklima meist nur in
großen Parks und Sammlungen zu
sehen, im Rheinland auch aus Kultur
verwildert. Bildet in ihrer Heimat selten größere Reinbestände, häufiger
in lichten kleinen Hainen oder Gruppen angepflanzt.

Verwendung Die reifen Früchte
sind echte Nüsse und auch unter dem
Handelsnamen Maronen bekannt. Im

Hauptverbreitungsgebiet stellte die Marone vor der Einführung des Kartoffelanbaus ein wichtiges Grundnahrungsmittel dar. Die dicken Keimblätter enthalten viel Stärke (etwa 42 %) und wenig Fett (unter 2 %). Roh schmecken sie etwas pelzig und mehlig, nach Erhitzen jedoch angenehm süßlich. Bis heute verwendet man die stärkehaltigen Nussfrüchte in verschiedenen Gerichten, beispielsweise in Suppen oder als Püree. Traditionell werden sie auch geröstet auf Weihnachtsmärkten angeboten. Vor dem Rösten muss man die harte Schale mit einem schmalen Schnitt aufschlitzen, weil sie sonst heftig explodieren. Ess-Kastanienbäume können bis 2000 Jahre alt werden.

Wissenswertes Die Blüten öffnen sich erst relativ spät nach Abschluss der Belaubung. Sie sind sehr auffällig und verändern durch ihre große Zahl das Erscheinungsbild des Baumes. Planmäßige Bestäuber sind Insekten, vor allem Hautflügler wie Bienen und Hummeln. Nach einiger Zeit trocknet jedoch der anfangs klebrige Pollen-

Die stacheligen Fruchtbecher sind schwer zu fassen – fast so wie ein Igel.

kitt, so dass die Pollenkörner einzeln schwebefähig werden und dann auch vom Wind verfrachtet werden können. Nördlich der Alpen reifen die Maronen allerdings nur selten aus.

KüchenTipp

Maronen-Püree
Erntefrische Ess-Kastanien schälen, weich kochen, mit dem Kochfond durch ein nicht allzu engmaschiges Sieb streichen, Püree auf dem Herd über mäßiger Flamme trocken rühren, dann etwas vorgewärmte Sahne und wenig Butter zugeben sowie mit Salz und weißem Pfeffer abschmecken. Maronen-Püree ist im Feinkosthandel auch in Dosen erhältlich.

Flambierte Maronen
Erntefrische Ess-Kastanien kreuzweise einschneiden, im Ofen backen, anschließend schälen, auf eine heiße, feuerfeste Platte legen, reichlich überzuckern und mit brennendem Rum übergießen. Mit frischer Schlagsahne servieren.

Kokosnuss

Cocos nucifera Palmengewächse *(Arecaceae)*

H bis 30 m Baum

International: coco (E), coco de Bahia (P), noce di cocco (I), noix de coco (F), coconut (GB)

Merkmale Immergrüner Baum mit unverzweigtem Stamm, an der Spitze mit dichtem Schopf aus 30–40 bis zu 6 m langen Fiederblättern mit schlanken, bis 1 m langen Fiedern; reichästige Rispen an der Basis mit 20–40 weiblichen und darüber mit bis zu 10 000 männlichen Blüten; Insektenbestäubung.

Herkunft und Verbreitung An allen Küsten der Tropen verbreitet. Ob die Kokospalme ursprünglich nur in Südamerika oder auch im indomalaysischen Raum beheimatet war, ist unsicher. Ihre weite Verbreitung verdankt sie den schwimmfähigen Früchten, die mit Meeresströmungen über 4500 km weit verdriftet werden kön-

nen. In vielen tropischen Ländern in großen Plantagen kultiviert.

Verwendung Die bis 2,5 kg schweren, schwach 3-kantigen Früchte sind glatte Steinfrüchte. Bereits in den Ursprungsländern werden die faserige äußere Haut und die anschließende faserige Wandschicht entfernt – nur die Steinkerne kommen als Kokos„nuss" auf die europäischen Märkte. Nachgetrocknet und zerkleinert bildet das feste, weiße Nährgewebe die weltweit gehandelte Kopra. Das gereinigte Fett dient als Koch- und Bratfett (Palmin), wird außerdem in der Margarineherstellung, als Waffelfüllung oder Überzug von Süßwaren verwendet. Zu Kokosflocken zerraspelte Kopra verarbeitet man zu Backwaren. Kokosmilch gewinnt man aus gepresstem Nährgewebe – nicht zu verwechseln mit dem Kokoswasser der unreifen Früchte.

Lambertsnuss, Lamberts-Hasel

Corylus maxima   Birkengewächse *(Betulaceae)*

H bis 10 m   Strauch

International:
avellana (E), avelã (P), nocciola (I),
noisette (F), hazel nut(GB)

Merkmale Großer, breitwüchsiger
Strauch; Triebe feinfilzig behaart; Rinde älterer Äste glänzend dunkelbraun
mit helleren Korkwarzen; Blätter sehr
kurz gestielt, wechselständig, bis
15 cm lang und fast ebenso breit, im
Umriss rundlich bis verkehrt oval, mit
schlanker Spitze und leicht schiefem
Blattgrund, doppelt gesägt und
schwach gelappt; Blüten erscheinen
lange vor dem Laubaustrieb. In allen
wichtigen Merkmalen dem heimischen Haselnuss-Strauch sehr ähnlich. Die bis 2,5 cm lange und im Vergleich zur heimischen Haselnuss
rundlichere Nussfrucht steckt in einer
samtig behaarten, röhrenförmigen
und vorne verengten Fruchthülle.

Herkunft und Verbreitung SO-Europa und Kleinasien (Türkei), in
Mitteleuropa und in den USA angebaut. Diese Art liefert die – meist aus
der Türkei stammenden – marktüblichen und in mehreren Fruchtsorten
angebotenen Haselnüsse.

Verwendung Haselnussöl ist ein
wertvolles Speiseöl, weil es reich ist an
ungesättigten Fettsäuren. Außerdem
nimmt man es gerne zum Anrühren
von Malfarben, da es nach dem Aushärten nicht nachdunkelt. Haselnüsse
sind (auch als Haselnussöl) das Ausgangsmaterial für Nougat.

Wissenswertes In größeren Parks
sieht man häufig eine als Blut-Hasel
bezeichnete Varietät dieser Art mit
dekorativen, tief schwarzroten Blättern. Nach Ausweis von archäologischem Fundgut spielten Haselnüsse
schon bei den Menschen der Steinzeit
als Nahrung eine bedeutende Rolle.

Buchweizen

Fagopyrum esculentum Knöterichgewächse *(Polygonaceae)*

H bis 0,8 m Kraut

International:
alforfón (E), sarraceno (I),
sarrasin (F), buckwheat (GB)

Merkmale Einjähriges, raschwüchsiges Kraut mit aufrechten, stark verzweigten Stängeln; Blätter wechselständig, an den Stängelenden sowie in den Blattachseln traubige Blütenstände, mit stark duftenden, Nektar führenden weißlich bis rosa gefärbten Blüten, hervorragende Bienenweide; Nussfrüchte 3-kantig, rotbraun, 4–6 mm lang und 3–4 mm breit, erinnern im Aussehen an Bucheckern (Name!); Reife im September.

Herkunft und Verbreitung Die Pflanze ist in Zentralasien beheimatet und wurde schon im 13. Jahrhundert aus der Mongolei nach Mitteleuropa eingeführt (daher regional auch Heidenkorn genannt). Da die Pflanze auch auf sonst ertragsarmen Böden gedeiht, wurde sie bis ins 20. Jahrhundert vor allem in Norddeutschland und in den Niederlanden angebaut. In Deutschland sieht man die Pflanze im Feldanbau nur noch ausnahmsweise, unter anderem wegen ihrer früheren Bedeutung als Grundnahrungsmittel in ökologisch orientierten Freilichtmuseen. Nach stärkerem Anbaurückgang in Mitteleuropa sind heute China, Russland, Japan, Brasilien und die USA die Hauptproduzenten. Polen und Frankreich sind neben dem Balkan die wichtigsten europäischen Erzeuger.

Verwendung Die kantigen Nüsse enthalten über 70 % Kohlenhydrate (überwiegend als Stärke) neben etwa 9 % wertvollem Protein, knapp 2 % Fett und etwa 4 % Ballaststoffen. Buchweizen wird nach dem Dreschen und Schälen zu Buchweizenflocken oder häufiger zu Buchweizenmehl verarbeitet, daneben auch zu Grütze und Gries. Als so genannte Biokost gewinnt er auch in Mitteleuropa in jüngerer Zeit wieder vermehrt Zuspruch. Bekannt und geradezu sprichwörtlich sind die aus dem Mehl bereiteten Buchweizenpfannkuchen (vgl. KüchenTipp). In Japan verwendet man gemahlenen Buchweizen für die bekannten Sobanudeln und weitere regionaltypische Nudelsorten, ferner für Kekse und Süßwaren. In Russland ist Buchweizenmehl die Grundlage für eine breiartige, kacha oder kasha genannte Grütze, die als traditionelles Gericht gilt. Wegen seines relativ hohen Proteingehaltes verwendet man die grob gemahlenen Körner auch als Tierfutter.

Wissenswertes Die üblicherweise angebaute Buchweizenpflanze enthält in ihren Zellen zwei komplette Chromosomensätze mit zusammen

16 Chromosomen. Eine weitere und im Anbau besonders anspruchslose Form führt dagegen vier Sätze mit zusammen 32 Chromosomen; sie wird meist als eigene Art Tatarischer Buchweizen *(Fagopyrum tataricum)* aufgefasst, wird jedoch lebensmitteltechnisch gleichermaßen verwendet wie der gewöhnliche Buchweizen.

KüchenTipp

Bretonische Crêpes: In manchen Gegenden gibt es Creperien wie Würstchenbuden. Auch auf Weihnachtsmärkten werden sie angeboten, denn Crêpes sind vor allem deswegen so beliebt, weil man sie mit allen möglichen Füllungen versehen kann. Meist werden sie allerdings auf der Basis von normalem Weizenmehl zubereitet und entsprechen dann eher den Pariser Crêpes suzettes. Original bretonisch (und insofern mit Ferienerinnerungen angereichert) ist jedoch die Crêpe salée aus farine de sarrasin, dem Buchweizenmehl. Für ca. ein Dutzend hauchdünne Crêpes benötigt man 250 g Buchweizenmehl, 2 Eier, 0,5 l Vollmilch, etwa Salz und 1 TL Butter.

Das Buchweizenmehl mit den Eiern verrühren und leicht salzen, dann die Milch unterrühren und dem Teig mit Wasser die nötigen Fließeigenschaften geben. Eine Pfanne erhitzen und darin etwas Butter zerlassen, dann mit dem Teigschaber schnell eine dünne Schicht auf der heißen Pfannenfläche verteilen. Mit einem Pfannenwender rasch umdrehen, Füllung auflegen (geriebenen Käse, Schinken, Spiegelei, Champignons, Krabben), Ränder umschlagen und warm servieren.

Sonnenblume

Helianthus annuus Korbblütengewächse *(Asteraceae)*

H bis 3 m Kraut

International:
girasol (E, I), tournesol (F), sunflower (GB)

Merkmale Raschwüchsiges, einjähriges und gerade deswegen besonders imposantes Kraut mit kräftigem, aufrechtem, bei manchen Sorten auch verzweigtem Stängel; Blätter wechselständig, lang gestielt, herzförmig, bis 30 cm lang, fühlen sich beidseits rau an; Blütenstand scheibenförmig, bis über 45 cm breit, je nach Größe und Sorte mit 800–2000 gelben bis bräunlichen Einzelblüten (Röhrenblüten), blühen innerhalb von 2 Wochen von außen nach innen auf, randliche Zungenblüten strahlend, meist einfarbig goldgelb.

Herkunft und Verbreitung Ursprünglich eine Präriepflanze in den westlichen USA (Great Plains), Staatspflanze von Kansas, im 16. Jahrhundert als Zierpflanze nach Europa eingeführt, aber erst seit ca. 1830 als wichtige Ölfrucht entdeckt. Seither in den Wärmegebieten aller Kontinente in vielen Sorten im Anbau, in Deutschland vor allem in den Weinbaugegenden.

Verwendung Die Indianer Nordamerikas entdeckten die Sonnenblumenkerne als Ölfrucht und züchteten auch die ersten Sorten mit verbesserter Ertragsleistung. Die Sonnenblumenkerne heutiger Hochleistungssorten weisen einen Ölgehalt um 50 % mit hohem Anteil an Linolsäure auf. Aus den Kernen presst man ein helles, fast ausschließlich für Lebensmittelzwecke (u. a. Margarineherstellung) verwendetes Öl ab, während die relativ proteinreichen Pressrückstände in die Futtermittelproduktion ge-

In der Sonnenblume stehen die Einzelblüten bzw. die unreifen Körner auf rechts- und linksläufigen Spiralbögen

hen. Die Kerne werden aber auch roh oder leicht gesalzen als Knabbersnack gegessen oder sind häufiger und diätetisch wertvoller Bestandteil von Mehrkorn-Brotsorten. Außerdem nutzt man sie traditionell als energiereiches Winterfutter für die heimischen Vögel.

Wissenswertes Die wie große Samenkörner aussehenden Sonnenblumenkerne, je nach Sorte einheitlich weiß oder schwarz bzw. schwarzweiß gestreift, sind eigentlich Früchte und so genannte Achänen – eine besondere Spezialität der Korbblütengewächse, denn sie entstehen durch die enge Verwachsung der kräftigen Fruchtwand und der relativ dünnen Samenschale.

Ein weiterer bemerkenswerter Ölliant aus der Verwandtschaft der Sonnenblume ist der Saflor *(Carthamus tinctorius)*, wegen der früheren zusätzlichen Verwendung der goldgelben Blütenstände als Lieferanten von Textilfarbstoffen auch Färberdistel genannt. Die Pflanze stammt aus Vorderasien und wird dort seit dem Altertum angebaut. In Europa wird Saflor heute vor allem in Spanien kultiviert. Das abgepresste helle Öl enthält in hohen Anteilen die ernährungsphysiologisch bedeutsame Linolsäure und ist daher heute ein gesuchtes Speiseöl. Die gerösteten Körner (Achänen) werden in den Erzeugerländern wie Nüsse gegessen.

Von einer sehr nahen Verwandten der Sonnenblume, dem Topinambur *(Helianthus tuberosus)*, verwendet man nicht die ölhaltigen Früchte, sondern die fleischigen, unterirdischen Sprossknollen als Gemüse. Man bereitet sie wie Kartoffeln zu. Auch diese Art stammt aus N-Amerika und wurde dort schon von den Indianern kultiviert.

Macadamianuss
Macadamia integrifolia Silberbaumgewächse *(Proteaceae)*

H bis 20 m Baum

International: nuez de macadamia (E), macadamia (P, I), noix de Queensland (F), Macadamia nut (GB)

Merkmale Immergrüner Baum mit breiter Krone; Blätter jeweils zu 3 im Wirtel, 10–30 cm lang, ledrig, glattrandig oder leicht gewellt, matt dunkelgrün; Blüten klein, cremeweiß, in hängenden, bis 30 cm langen Trauben, reifen zu bräunlichen, kugeligen, kurz zugespitzten Balgfrüchten heran (zunächst für Steinfrüchte gehalten), bis 3 cm dick; enthalten einen hellbraunen, rundlichen Samen mit dicken Speicherblättern und einer ungewöhnlich harten, bis 3 mm dicken Samenschale, die Macadamianuss.

Herkunft und Verbreitung Ursprünglich nur im tropischen O-Australien beheimatet, daher auch Queenslandnuss genannt. Seit 1930 auch auf Hawaii und in Afrika angebaut.

Verwendung Die relativ weichen Samen der nussartigen Balgfrüchte sind ausgesprochen fettreich (bis über 70 %) und daher im warmen Klima schlecht zu lagern. Wegen des angenehmen Geschmacks zunehmend auch auf dem europäischen Markt gehandelt. Nach dem maschinellen Schälen werden die Kerne roh, gekocht, gesalzen oder geröstet gegessen. Lokal gewinnt man daraus durch Abpressen ein helles Salatöl.

Wissenswertes Ehemals eine wichtige Nahrung der Aborigines, ist die Macadamianuss heute auf dem Weltmarkt sehr geschätzt und entsprechend teuer. Die sehr ähnliche Australische Macadamianuss *(Macadamia tetraphylla)* aus dem nördlichen Australien hat gezähnte Blätter und rötliche Blüten.

Pinienkerne

Pinus pinea Kieferngewächse *(Pinaceae)*

H bis 30 m Baum

International:
piña (E), pinhão (P), pinoli, pignioli (I),
pin, pignon (F), pine (GB)

Merkmale Immergrüner Nadelbaum mit schirmförmiger Krone auf langem, meist geradem Stamm; typischer Postkartenbaum des mediterranen Südens; Nadeln bis 12–20 cm lang und fast 2 mm breit, stechend spitz, graugrün bis dunkelgrün, zu je 2 (selten 3) büschelig im Kurztrieb; Zapfen geöffnet bis 10 cm breit und 15 cm lang, reifen erst im 3. oder 4. Jahr; Samen bis 2 cm lang.

Herkunft und Verbreitung Mittelmeergebiet von SO-Spanien bis zum mittleren Italien sowie von Albanien bis zur Türkei und zum Libanon, fehlt in der nördlichen Adria, auf Korsika und auf vielen griechischen Inseln. Durch Anpflanzung weit verbreitet.

Verwendung Die länglichen, ölhaltigen und nussähnlich schmeckenden Pinienkerne sind ähnlich wie die Samen der in den Alpen heimischen Arve *(Pinus cembra)* essbar, werden als Pinien„nüsse" gehandelt und geben eine schmackhafte Zutat zu verschiedenen Gerichten. Vor allem in der mediterranen Küche beliebt.

KüchenTipp

Pesto: Pinienkerne verwendet man roh oder geröstet als Zutat zu Blattsalaten oder gerieben in der berühmten italienischen Spezialsauce Pesto zu Nudelgerichten. Pesto rührt man aus Olivenöl, geriebenem Pecorino- oder Parmesan-Käse, Basilikum, etwas Majoran und wenig Knoblauch an.

Pistazie

Pistazia vera Sumachgewächse *(Anacardiaceae)*

H bis 10 m Baum

International: pistacho (E), pistácia (P), pistacchio (I), pistache (F), pistachio, green almond (GB)

Merkmale Sommergrüner, aber sehr langlebiger, kleiner Baum mit behaarten Zweigen; Blätter wechselständig, dunkel- bis graugrün, unpaarig gefiedert, mit ovalen, bis 10 cm und 8 cm breiten Fiedern; Blüten sehr klein, bräunlich, in dichtblütigen Trauben, ohne Kronblätter. Windbestäubung. Die Steinfrüchte sind 10–25 mm lang und tragen dünne äußere Fruchtwandschichten über dem glatten, hellbraunen Steinkern. Etwa einen Monat vor der Reife spaltet sich die Frucht und zeigt die rötlich-violette Schale des Samens. Der Samen enthält einen großen so genannten Embryo mit bereits Blattgrün führenden Speicherkeimblättern.

Herkunft und Verbreitung Ursprünglich in Vorderasien, heute überall im Mittelmeergebiet verbreitet, fast weltweit in den Subtropen kultiviert, darunter in den Südstaaten der USA.

Verwendung Pistazien, die protein- und fettreichen grünen Samenkerne der Steinfrucht, werden geröstet und gesalzen als Snack gehandelt. Außerdem garniert man damit Süßspeisen (Eiscreme, Torten und Konfekt) sowie Wurstwaren (Mortadella).

Wissenswertes Der Name Grünmandel nimmt auf den mandelartigen, leicht süßen Geschmack der Samenkerne Bezug. In Indien verwendet man die Farbstoffe der äußeren Fruchtwand zum Färben von Textilien. Bei den Arabern gelten die Samen als Aphrodisiakum. Außer den samenhaltigen bringt ein Pistazienbaum bis 40 % leere Früchte hervor.

Mandel
Prunus dulcis Rosengewächse *(Rosaceae)*

H bis 6 m   Baum oder Strauch

International:
almendro (E), mandorla (I),
amande (F), almond (GB)

Merkmale Sommergrüner, kleiner Baum oder Strauch mit breiter Krone auf kurzem, oft krummem Stamm; Blätter wechselständig, 4–12 cm lang, länglich-oval, an beiden Enden verschmälert, unterhalb der Mitte am breitesten (Unterschied zu den sonst sehr ähnlichen Pfirsichblättern), an der Basis meist mit typischer V-Falte; Blüten gestielt, erscheinen vor dem Laub, einzeln oder zu 2, bis 5 cm breit, meist kräftigrosa. Steinfrucht 3–4 cm lang, grüngrau, behaart, spitz, mit trockenem Fruchtfleisch, platzt zur Reifezeit auf und setzt die hellbraunen Steinkerne frei.

Herkunft und Verbreitung Ursprünglich in M- und SW-Asien, schon seit der Antike vor allem im östlichen Mittelmeergebiet in Kultur genommen, heute auch in Australien, Südafrika und den USA in Plantagen angepflanzt.

Verwendung Die Mandeln sind die aus den Steinkernen ausgelösten, angenehm und leicht süßlich schmeckenden Samenkerne. Sie enthalten etwa 50 % fettes Öl. Gebrannte Mandeln sind mit karamellisiertem Zucker überkrustet. Geschälte und zerkleinerte Mandeln verwendet man als Backzutat und zum Garnieren von Konfekt. Gemahlene Mandeln sind eine der Hauptzutaten von Marzipan, eine sizilianische Erfindung.

Wissenswertes Die extrem bitter schmeckende Wildform enthält ebenso wie die Bittermandeln in ihren Samen das hochgiftige Blausäureglykosid Amygdalin; bereits 7 dieser Mandeln können tödlich wirken.

Genussmittel

Zucker-Ahorn

Acer saccharum Ahorngewächse *(Aceraceae)*

H bis 30 m | Baum

International: arce azucarero (E),
acero zuccherino (I),
érable à sucre (F), sugar maple (GB)

Merkmale Sommergrüner Baum
mit hoher, rundlicher, dichter Krone
und kräftigen, aufsteigenden Ästen;
Blätter gegenständig, bis 14 cm lang,
tief handförmig 5-lappig geteilt, im
Umriss ähnlich dem in Europa heimischen Spitz-Ahorn, färben sich im
Herbst tief purpurrot um; Blüten erscheinen im Frühjahr mit dem Laubaustrieb.

Herkunft und Verbreitung Ursprünglich in den nordöstlichen USA
bis North Carolina sowie in O-Kanada
heimisch und dort auch angebaut. In
Europa nur selten als Parkgehölz angepflanzt.

Verwendung Die ersten weißen
Siedler in N-Amerika erlernten von
den Indianern die Ernte von zuckerhaltigem Saft durch Anbohren der
Baumstämme. Von Mitte Februar bis
Ende März lassen sich so täglich bis
1 l Saft mit etwa 8 % Zuckergehalt gewinnen. Der eingedickte und dann
bräunliche Saft wird überwiegend als
Sirup verwendet. Ahornsirup (Maplesirup) hat außer seiner Süßkraft ein
spezifisches, angenehmes Aroma
und wird daher zum Aromatisieren
von Speisen und Getränken verwendet. In amerikanischen und kanadischen Restaurants stehen daher Sirupflaschen neben Pfeffer- und
Salzstreuern auf dem Tisch.

Wissenswertes Das spektakulär
karminrot verfärbte Herbstblatt ist
das Emblem der kanadischen Nationalflagge. Außer dem Zucker-Ahorn
werden einige weitere nordamerikanische Ahorn-Arten als Zuckerlieferanten genutzt.

Amerikanische Agave

Agave americana Agavengewächse (*Agavaceae*)

H bis 1 (8) m Staude

International:
mescal (E), agava (I), agave (F),
bluegreen agave (GB)

Merkmale Mehrjährige Pflanze mit gestauchter Sprossachse; Blätter in grundständiger Rosette, 1–2 m lang, schmal-lanzettlich, dickfleischig, graugrün, bei Gartenformen mit hellgelben Längsstreifen, am Rande dornig bestachelt; Blüten bis 9 cm lang, grünlich gelb, 6-zipflig, am Grunde röhrig verwachsen, zahlreich in einem spektakulären, bis 8 m hohen, rispigen Blütenstand. Die Pflanze blüht nur einmal nach etwa 10–20 Jahren und stirbt danach ab.

Herkunft und Verbreitung Die Art stammt aus Mexiko und wird seit dem 16. Jahrhundert in den Wärmegebieten aller Kontinente als Zierpflanze kultiviert. Im Mittelmeerraum verwildert sie häufig an Küstenfelsen.

Verwendung Der Schaft führt einen stark süßen Saft mit hohem Fruchtzuckergehalt. Die Zuckerkonzentration ist kurz vor dem Austreiben am höchsten. Deshalb entfernt man einen Teil der Blätter und kann dabei täglich bis etwa 2 l Saft je Pflanze gewinnen. Er wird durch Eindampfen zu Sirup konzentriert oder zum mexikanischen Nationalgetränk Pulque vergoren, aus dem man durch Destillation Agavenschnäpse (Tequila, Mescal) gewinnt.

Wissenswertes In den Mescal wird in Mexiko gerne eine ca. 5 cm lange Insektenlarve, der Mescal „wurm", eingelegt. Ursprünglich war es eine Schmetterlingsraupe, die sich vom rauschgifthaltigen Peyote-Kaktus ernährt hat und ihr Mescalin an den Schnaps abgibt.

Zuckerpalme
Arenga pinnata Palmengewächse *(Arecaceae)*

H bis 15 m   Baum

International: palma de azucar (E), palma di zucchero (I), palmier à sucre (F), sugar palm (GB)

Merkmale Immergrüne Palme; Stamm von alten Blattbasen und dichtem Faserwerk bedeckt; Blätter aufrecht, gefiedert, Fiedern linealisch, bis etwa 200, bis 1,5 m lang und 6 cm breit; Blüten in gebogenen männlichen und weiblichen Rispen.

Herkunft und Verbreitung Ursprünglich nur in den Feuchtgebieten von Malaysia und Indonesien, heute überall im malaysischen Archipel kultiviert.

Verwendung Während der Entwicklung der Blüten strömt in die großen Blütenstände ein stark zuckerhaltiger Saft, ähnlich wie bei den heimischen Laubbäumen vor der Blattentfaltung im Frühjahr. Der aus den Blütenständen gezapfte Saft (Zuckergehalt bis etwa 40 % und damit deutlich höher als bei Zuckerrohr) wird in großen Pfannen eingedickt, bis zum Auskristallisieren gerührt und über Feuer nachgetrocknet. Das Produkt, in Java „gula djenna" genannt, ist nur von lokaler Bedeutung. Alternativ zu Palmwein vergoren.

Wissenswertes Die Zuckergewinnung aus den Blütenständen funktioniert bei mehreren Palmen-Arten. Da man auch die Palmfrüchte ernten möchte, werden bis auf wenige nur die männlichen Rispen abgeschnitten. Sie produzieren täglich bis 6 l und in einer Saison bis über 1500 l, woraus sich ungefähr 100 kg Zucker gewinnen lassen.

Die wachsende Stammspitze dieser Palme wird auch als Palmherz gegessen, während man aus dem Stammmark eine Art Sago gewinnt.

Rotbusch

Aspalanthus linearis Schmetterlingsblütengewächse *(Fabaceae)*

H bis 2 m Strauch
International:
rooibos (ZA, E, I, F, GB)

Merkmale Immergrüner, kleiner Strauch, stark buschig verzweigt mit dünnen Zweigen; Blätter nadelartig dünn und spitz; Blüten klein, in den Blattachseln, gelb; Hülsenfrucht klein, 1-samig.

Herkunft und Verbreitung Heimisch in Südafrika (endemisch in der westlichen Kapprovinz: Cedarberge) und bislang nur dort kultiviert.

Verwendung Die rutenartig dünnen Zweige werden vom südlichen Frühsommer (Oktober) bis Frühherbst (März) geschnitten, zu etwa 3–4 mm langen Stückchen zerhäckselt und auf größere Haufen geschüttet. Nach etwa einem Tag hat sich das Erntegut durch Fermentation rot verfärbt (daher rooibos = Rotbusch genannt) und wird getrocknet. Dabei entwickelt sich gleichzeitig das Aroma. Der aromatisch schmeckende Tee wird auch Massai- und Wundertee genannt. Er ist in zahlreichen Geschmacksvarianten (mit Orangenöl, Zimtrinde, Mangostückchen, Vanille u. a.) auf dem Markt und wird gelegentlich auch zusammen mit gewöhnlichem Schwarzen Tee zubereitet.

Wissenswertes Der vor allem während der letzten Jahre auch in Mitteleuropa zunehmend populär gewordene goldbraune und nur schwach gerbstoffhaltige Rotbuschtee enthält kein Koffein. Man sagt ihm verschiedene gesundheitsfördernde Wirkungen nach. So soll er unter anderem Allergien unterdrücken, Krämpfe lösen und gegen Schlaflosigkeit wirken. Die pharmakologische Prüfung ist nicht abgeschlossen.

Teestrauch

Camellia sinensis Teestrauchgewächse *(Theaceae)*

H bis 10 m Baum oder Strauch

International:
té (E), chà (P, I), théier (F),
tea plant (GB)

Merkmale Immergrüner Baum, in der Kultur allerdings als 1,5 m hoher Strauch gezogen, mit wechselständigen, elliptisch-lanzettlichen, etwas lederigen Blättern, 4–10 cm lang, sortenabhängig glattrandig oder leicht gezähnt; Blüten cremeweiß, 1–3 cm breit, mit zahlreichen Staubblättern; Kapselfrüchte wenigsamig.

Herkunft und Verbreitung Heimisch in den Bergwäldern N-Indiens (Assam) und Burmas am Fuß des Himalaja, heute auch in China, Sri Lanka, Indonesien, Kenia und in der Türkei in zahlreichen Sorten angebaut.

Verwendung Im Unterschied zu Kaffee oder Kakao wird Tee bereits im Erzeugerland gebrauchsfertig aufbereitet. Geerntet werden nur die jungen Triebe, meist die oberste Knospe und die beiden folgenden Blätter. Die frisch geernteten Teeblätter werden zunächst leicht gewelkt, dann gerollt, fermentiert und getrocknet. Bei der Fermentation entstehen die dunkle Farbe und besondere Aromastoffe. Nur beim Grünen Tee bleiben die Blätter unfermentiert. Tee enthält die anregenden Alkaloide Koffein (früher Thein genannt, bis 3,3 %) und Theobromin (etwa 0,15 %).

Wissenswertes Durch Kultur (seit etwa 2700 v. Chr.) wurde der Teestrauch so sehr verändert, dass man lange Zeit glaubte, die unterschiedlichen Sorten stammten von verschiedenen Arten. In Europa erfuhr man erst um 1550 über die Araber vom Tee. Im 17. Jahrhundert kam er auf dem Landweg über Russland und über den Seeweg nach Europa und fand hier rasch großes Interesse. Das englische Wort „tea" (und davon abgeleitet Tee) stammt aus einem südchinesischen Dialekt und gelangte erst mit dem 18. Jahrhundert beginnenden umfangreicheren Seehandel von Teeblättern nach Europa. Später wurde „Tee" speziell im deutschsprachigen Raum zum Gattungsbegriff für alle möglichen Aufgüsse getrockneter Pflanzenteile. Die im Handel üblichen Bezeichnungen des Tees nennen zunächst die Anbauregion – die bekanntesten und teuersten Herkünfte sind Darjeeling und Assam aus Indien. Eine weitere Angabe betrifft den Erntezeitpunkt, beispielsweise „first flush" für die erste Pflückung. Unter Blattgrad versteht man die Qualität der verwendeten Blätter: „Pekoe" (P) ist die chinesische Bezeichnung für junge, zarte Blätter. „Orange" (O) (vom niederländischen Königshaus Oranje) deutet auf besonders hohe Qualität. „Flowery" (F) bezeichnet einen Tee mit vielen Knospenteilen; „Golden" (G) einen goldbraun gefärbten Tee. „Tippy"

Die traditionelle Tee-Ernte erfolgt immer noch aufwändig von Hand.

(T) ist ein Tee mit dünnen, drahtigen Blättern, „Souchong" (S) ist ein chinesischer Tee aus Großblatt-Sorten. „Broken" (B) meint nur gebrochene Blätter, „Fannings" (F) dagegen beim Aussieben anfallende Kleinteile, und „Dust" (D) die beim feinsten Aussieben erhaltenen und besonders ergiebigen Teilchen. Einen „Flowery Golden Broken Orange Pekoe" (FGBOP) wird der Teekenner schon auf der Packung genießen wie der Weinfreund das Flaschenetikett.

Kombucha: Der aus Indien bzw. Japan stammende „Teepilz" wandelt gesüßten Schwarzen Tee bei etwa 25 °C innerhalb einer Woche durch eine Mischgärung in das säuerlich-weinartig schmeckende Getränk Kombucha um. Der so genannte Teepilz besteht aus 3 Hefe- und 3 Bakterien-Arten. Abgesiehte Teile der dabei entstehenden Gallerte dienen für einen erneuten Gäransatz. Teepilz erhält man in vielen Teegeschäften.

Friesischer Tee: In vorgewärmte Gläser oder Tassen gibt man 1 TL braunen Kandiszucker und gießt einen kräftigen Aufguss einer Ostfriesen-Mischung (im Fachhandel). Anschließend gibt man 2–3 TL Sahne darauf, die allerdings nicht untergerührt wird. Wenn der Kandiszucker nicht mehr knackt, trinkt man den Tee langsam und „dreistöckig".

Röhrenkassie

Cassia fistula Johannisbrotgewächse *(Caesalpiniaceae)*

H bis 15 m Baum

International:
cassia (E), cassia (I), casse (F),
purging cassia (GB)

Merkmale Sommergrüner Baum mit breiter Krone; Blätter wechselständig, bis über 40 cm lang, paarig gefiedert mit 12–16 Fiederpaaren, Fiedern oval, spitz, dünn, bis 10 cm lang; Blüten leuchtend gelb, in hängenden, bis 50 cm langen Trauben; Hülsen 20–60 cm lang und 2 cm breit, dunkelbraun, aber nicht abgeflacht wie beim Johannisbrotbaum, sondern wurstförmig rundlich.

Herkunft und Verbreitung Ursprünglich nur in Indien und Sri Lanka, wegen der Ähnlichkeit mit dem in Mitteleuropa bekannten Zierstrauch Goldregen *(Laburnum anagyroides)* auch Indischer Goldregen genannt. Heute fast überall in den Tropen vor allem als spektakulär blühendes Ziergehölz verbreitet.

Verwendung Die etwas ledrigen, dunkelbraunen und dem verwandten Johannisbrotbaum ähnlichen Hülsen enthalten ein angenehm süßlich schmeckendes Fruchtfleisch, das man in den Ursprungsgebieten kaut oder in Wasser aufgelöst trinkt. Im Fruchtfleisch, aber auch in den Blüten und in den grünen Laubblättern sind abführend wirkende Inhaltsstoffe enthalten, weswegen Zubereitungen aus diesen Pflanzenteilen auch arzneilich genutzt werden.

Wissenswertes Die Gattung *Cassia* ist außerordentlich artenreich und mit über 500 Arten nur in den Tropen verbreitetet. Von verwandten *Cassia*-Arten, die man früher in eine eigene Gattung *Senna* stellte, stammt die recht wirksame Abführdroge Sennes-Blätter, die man in Apotheken erhält.

Johannisbrotbaum, Karobe

Ceratonia siliqua Johannisbrotgewächse *(Caesalpiniaceae)*

H bis 20 m Baum

International:
algarroba, garoffa (E), alfaroba (P),
carruba (I), caroube (F), carrob (GB)

Merkmale Immergrüner Baum mit
breiter Krone auf gedrungenem,
wulstigem Stamm; Blätter wechselständig, bis 5 cm lang gestielt, paarig
gefiedert, Fiedern 6–8, im Umriss
rundlich-rechteckig, vorne stumpf
oder leicht ausgerandet, derb, oberseits glänzend dunkelgrün, unterseits
graugrün; Blüten unscheinbar, ohne
Kronblätter, in kätzchenartigen, abstehenden Trauben direkt an den größeren Ästen; Hülsen bis 20 cm lang
und 3 cm breit, sichelförmig, dunkel
rotbraun, oft zusammen mit den Blüten im Gezweig.

Herkunft und Verbreitung Heimisch im östlichen Mittelmeergebiet,
heute im gesamten Mittelmeerraum
häufig angepflanzt und oft zusammen mit Mandelbäumen, Ölbäumen
oder Pistazien in Sorten kultiviert, in
Hausgärten ein beliebter Schattenspender. Wächst bevorzugt auf kalk-
reichen, trockenen, flachgründigen,
lockeren Steinböden. Spanische Missionare haben die Art auch in Mexiko
und Kalifornien eingeführt.

Verwendung Die schokoladenbrau-
nen Hülsen enthalten ein essbares,
angenehm süß schmeckendes, fett-
armes und an Kohlenhydraten rei-
ches Fruchtfleisch, aus dem man für
diätetische Zwecke einen Schokola-
denersatz herstellt. Getrocknet und
gemahlen bereitet man daraus mit
Milch ein kakaoartiges Getränk her.

Wissenswertes Die glänzend braunen und erstaunlich einheitlich großen Samen bildeten früher die (heute
anders festgelegte) Gewichtseinheit
„Karat" (0,18 g) des Juwelenhandels.

Kaffeestrauch

Coffea arabica Rötegewächse *(Rubiaceae)*

H bis 8 m Baum oder Strauch

International:
café (E), cafè (I), café (F), coffee (GB)

Merkmale Von Natur aus eher ein kleiner Baum, werden die Kaffee-Arten im modernen Anbau wegen der leichteren Beerntung überwiegend in Strauchform kultiviert; Blätter immergrün, lederig, glänzend, gegenständig, länglich-oval; Blüten klein, in den Blattachseln; Steinfrucht (= Kaffeekirsche) reif dunkelrot, reifen in 8–12 Monaten nach der Blüte heran.

Herkunft und Verbreitung Der Berg-Kaffee *(Coffea arabica)* stammt aus dem südwestlichen Hochland Äthiopiens (Abessinien) und des Sudans; Kongo- oder Robusta-Kaffee (*C. canephora = C. robusta*) ist vom Kongo bis nach Uganda beheimatet, und Liberia-Kaffee *(C. liberica)* kommt ursprünglich aus dem tropischen W- und M-Afrika. Alle drei Arten werden heute in zahlreichen Sorten in den Tropen weltweit angebaut. In Deutschland, Österreich und der Schweiz erhält man fast nur die Arabica-Sorten, in Frankreich und Italien überwiegend die Robusta-Sorten. Der wissenschaftliche Gattungsname *Coffea* (und die Wirkstoffbezeichnung Coffein bzw. Koffein) gehen auf den Namen der abessinischen Landschaft Kaffa zurück.

Verwendung Der für den Geschmack des Kaffees entscheidende Verarbeitungsschritt, das Rösten, findet meist erst in den Konsumentenländern statt. Erst dabei erhalten die Kaffeebohnen ihre braune Farbe, ihre Mahlfähigkeit und das besondere Aroma. Zum Herstellen von Kaffeegetränk werden sie frisch gemahlen überbrüht.

Wissenswertes Nach der Ernte lässt man die hochroten Kaffeekirschen trocknen und entfernt dann maschinell das Fruchtfleisch sowie die etwas hornige Steinschale des Steinkerns. Das Produkt dieser Arbeitsgänge ist der graugrüne Rohkaffee, das Exportgut der Erzeugerländer – die Kaffeebohnen sind die Samen. Wie beim Tee ist der anregende Wirkstoff das Alkaloid Koffein. Es beschleunigt die Herztätigkeit, erweitert Bronchien und Blutgefäße und regt Verdauung an. Wegen der gesteigerten Gehirndurchblutung ist Koffein häufig auch in Kopfschmerztabletten enthalten. In größeren Mengen ist es giftig. Für einen Erwachsenen liegt die tödliche Dosis bei etwa 10 g Reinkoffein. Eine Tasse in durchschnittlicher Stärke aufgebrühten Kaffees enthält allerdings nur etwa 150 mg Koffein. Milch zum Kaffee verzögert die Koffein-Aufnahme im Magen und fördert die Bekömmlichkeit, da sie die Kaffeesäuren bindet.

Kaffeegenuss ist schon seit langem bekannt. Im 14. Jahrhundert brachten arabische Sklavenhändler Kaffee über

Kaffeekirschen sind zweisamige und nahezu stiellose Steinfrüchte.

den jemenitischen Hafen Mocha nach Arabien und von dort nach Europa. Das erste europäische Kaffeehaus eröffnete 1625 in Venedig, es folgten London (1652), Amsterdam (1663) und Paris (1672). In Wien wurde der Kaffee erst 1686 populär, nachdem flüchtende Türken einige Säcke Kaffeebohnen zurückgelassen haben.

KüchenTipp

Latte Macchiato (für 2 Personen): Espresso in der Maschine oder Kanne zubereiten (2 Messlöffel = 12 g Espressopulver in $\frac{1}{8}$ l Wasser); etwa 350 mL Milch im Wasserbad auf etwa 60 °C erwärmen; Milch auf die Gläser verteilen und Espresso vorsichtig darüber gießen. Mit langem Löffel servieren.

Friesischer Pharisäer (für 2 Personen): 4 Messlöffel grob gemahlenen Kaffee (ca. 25 g) in vorgewärmter Kanne mit etwa $\frac{1}{2}$ l heißem, nicht mehr siedenden Wasser aufbrühen und etwa 5 min ziehen lassen. Zwei große Tassen heiß ausspülen, 1–2 Stück Würfelzucker und 1–2 TL Rum hineingeben. Kaffee hinzugeben und zum Abschluss ein Sahnehäubchen aufsetzen.

Kolanuss

Cola acuminata Sterkuliengewächse *(Sterculiaceae)*

H bis 15 m **Baum oder großer Strauch**

International:
cola (E), cola (I), colatier (F),
cola tree (GB)

Merkmale Immergrünes Gehölz mit dichter Krone; Blätter länglich-oval, ledrig, dunkelgrün: Blüten klein, gelblich bis purpurrot, radiär, büschelig in kurzen Trauben am Stamm oder an größeren Ästen; sternförmige Sammelbalgfrucht mit bis 10 cm langen, meist nicht aufspringenden, auf der Rückenseite mit einer Leiste, auf der Bauchseite mit Rinne versehenen Bälgen, jeder mit 5–9 pflaumengroßen Samen. Die Samen sind von einer schleimigen Samenschale eingehüllt und enthalten bei einigen der angebauten *Cola*-Arten ausnahmsweise oft mehr als 3 Speicherkeimblätter.

Herkunft und Verbreitung Die Kola „nüsse" stammen entweder von der benannten Art oder von *Cola nitida* bzw. *C. verticillata*. Alle Arten sind enge Verwandte des südamerikanischen Kakaobaums und in den Regenwäldern des tropischen W-Afrikas beheimatet, werden aber heute in der Karibik, in S-Amerika und in O-Asien angebaut. Die Art *C. acuminata* wächst wild im Kongo, in Nigeria und in Gabun. *C. nitida* (= *C. vera*) ist in Ghana, Sierra Leone und Elfenbeinküste heimisch, *C. verticillata* in Kamerun.

Verwendung Die anfangs etwas bitter schmeckenden Kolasamen enthalten bis über 2 % gebundenes Koffein und sind den Afrikanern schon lange als Anregungsmittel bekannt. In den Ursprungsländern kaut man sie stundenlang als Muntermacher und gegen Hunger oder Durst, genießt aber auch getrocknete und gemahlene Samen, mit Honig in Milch

Die kleinen büscheligen Blüten von *Cola nitida* zeigen ein auffälliges rotes Farbmal im Zentrum – ein hilfreicher Wegweiser für die Bestäuber.

oder Wasser angerührt, als traditionelles Getränk. Da das Koffein gebunden vorliegt, ist seine Wirkung gegenüber dem reinen Alkaloid etwas verändert. So bleibt beispielsweise die Anregung der Herzfrequenz weitgehend aus.

Wissenswertes In ihrer afrikanischen Heimat werden die frischen Samen schon seit Urzeiten wegen der angenehm anregenden Wirkung gekaut. Darüber hinaus besitzt die Cola-Nuss eine große kultische und damit soziale Bedeutung: Cola gilt als Symbol der Freundschaft, Hochzeits-, Geburts- und Initiationsrituale werden mit dem gemeinsamen Verzehr von Cola-Nüssen beendet. Mit den Entdeckungsfahrten der Portugiesen nach W-Afrika wurde die Droge auch in Europa bekannt, war aber nie besonders verbreitet. Der Wiener Botaniker Clusius veröffentlichte 1591 die erste Abbildung einer Cola-Nuss. Um 1880 führte man die Sitte, zerkleinerte Kolasamen in Getränken zu verwenden,

in N-Amerika ein. Auf dieser Basis entwickelte der Apotheker John S. Pemberton 1886 einen Sirup, der gegen Kopfschmerz und Müdigkeit wirken sollte. Anfangs enthielt dieser medizinische Mix außer Alkohol als spezielle Zutat auch noch Extrakte aus den Blättern des südamerikanischen Kokastrauches *(Erythroxylum coca)* – im Klartext eine Prise Kokain. Heute ist Kokablatt-Rauschgift in den handelsüblichen Cola-Getränken mit Sicherheit nicht mehr enthalten, und der Alkohol wurde mit der Gründung der Coca-Cola-Company (1892) durch Sodawasser ersetzt.

Coca-Cola fand zahlreiche Nachahmer. Schon 1893 entwickelte der Apotheker Caleb Brandham in North Carolina ein Konkurrenzprodukt: Seine Pepsi-Cola, die dem Durstigen wieder neuen Schwung (Pep) geben soll, hat allerdings den Kultstatus des Originals kaum erreicht. Episodischnostalgisch sind Vita-Cola und Club-Cola aus der ehemaligen DDR.

Ölpalme

Elaeis guineensis   Palmengewächse *(Arecaceae)*

H bis 30 m   Baum

International:
palma de aceite (E), palma da olio (I),
palmier à huile (F), oil palm (GB)

Merkmale   Immergrüner Baum mit schlankem, gleich bleibend dickem, unverzweigtem Stamm; Blattschopf aus 20–30 bis zu 6 m langen Fiederblättern; Blüten in dichten, ährig-kolbigen Blütenständen in den Blattachseln, in periodischem Wechsel von etwa 5 Monaten entwickeln sich männliche und weibliche Blütenstände; Wind- oder Käferbestäubung; Steinfrucht etwa pflaumengroß mit eiförmigem Samen. Ein Fruchtstand kann bis über 3000 Steinfrüchte mit einem Gesamtgewicht von 50 kg aufweisen.

Herkunft und Verbreitung   Ursprünglich nur im tropischen Westafrika (und eventuell im östlichen S-Amerika), als Kulturpflanze heute überall in den feuchten Tropen angebaut.

Verwendung   Aus dem rötlich-orangen Fruchtfleisch gewinnt man durch Abpressen das Palmöl und verwendet es nach weiterer technischer Aufreinigung als Speiseöl oder zur Margarineherstellung. Die Gewinnung muss sehr rasch erfolgen, da sich das Öl sonst schon im Fruchtfleisch zersetzt. Auch in den Palmkernen (= Samen) ist ein besonderes Fett enthalten, das als Palmkernfett gesondert gewonnen und überwiegend für die Produktion von Kosmetika verwendet wird.

Wissenswertes   Das aus dem Fruchtfleisch gewinnbare Öl enthält überwiegend Palmitin- und Ölsäure, während das Palmkernfett gänzlich anders zusammengesetzt ist. Sein Öl enthält überwiegend die beiden Fettsäuren Laurin- und Myristicinsäure.

Süßholz

Glycyrrhiza glabra Schmetterlingsblütengewächse *(Fabaceae)*

H bis 1,5 m   Staude

International:
palo dulce, regaliz (E), nocciola (I),
réglisse (F), licorice (GB)

Merkmale Mehrjähriges Kraut mit
meist liegenden, drüsig behaarten
Stängeln und langen Ausläufern;
Blätter wechselständig, unpaarig gefiedert; Fiedern oval, kurz gestielt;
Blüten in gestielten, blattachselständigen Trauben, hellviolett; Wurzel
kräftig, im Anschnitt gelb.

Herkunft und Verbreitung Ursprünglich nur in den Ländern des
östlichen Mittelmeergebietes heimisch, heute in vielen subtropischen
Regionen angebaut.

Verwendung Aus den kräftigen,
leicht verholzten Wurzeln lässt sich
durch Auskochen ein klebriger,
schwarzbrauner, erstarrender Saft
gewinnen. Lateinisch nannte man ihn
zunächst *liquor radicis* = Wurzelflüs-
sigkeit, woraus im späteren Mittelalter *liquiritia* und in der Neuzeit
schließlich Lakritze wurde. Außer für
verschiedene Süßwaren verwendet
man den süß schmeckenden Wurzel-
saft auch zur Geschmackskorrektur
von Arzneien.

Wissenswertes Schon im frühen
Mittelalter verwendete man die kräftig süß schmeckenden und leicht verholzten Wurzeln – deutsch müsste
die Pflanze also eigentlich, wie es der
wissenschaftliche Gattungsname
korrekt vorgibt, Süßwurzel heißen.
Ihr süßer Inhaltsstoff heißt Glycyrrhi-
zin und hat etwa die 50fache Süßkraft
von normalem Haushaltszucker.
Allerdings hat er ähnliche Wirkungen
und Nebeneffekte wie die Wirkstoffe
aus der Nebennierenrinde (Cortico-
steroide) – längerer und hoch dosier-
ter Konsum ist deshalb nicht ratsam.

209

Matebaum

Ilex paraguariensis Stechpalmengewächse *(Aquifoliaceae)*

H bis 12 m   Baum oder großer Strauch
International:
yerba mate (E, I), arbre à maté (F),
Paraguay tea (GB)

Merkmale Immergrünes Gehölz; Blätter bis 20 cm lang, wechselständig, verkehrt eiförmig, lederig, vorne gekerbt, oberseits dunkelgrün; Blüten klein, büschelig; Steinfrucht rötlich.

Herkunft und Verbreitung S-Amerika (Brasilien und Paraguay), meist von wild wachsenden Exemplaren geerntet, aber in vielen Gebieten kultiviert.

Verwendung Aus den Blättern des Matebaumes bereiten die Südamerikaner ihr Nationalgetränk zu. Die trockenen Blätter enthalten bis 1,7 % Koffein und geringe Mengen Theobromin, so dass der Tee lang anhaltend anregend wirkt. Man brüht ihn auf wie gewöhnlichen Tee. Obwohl Matetee in S-Amerika sehr populär ist, hat er sich in Europa oder Amerika bisher nur wenig durchsetzen können.

Wissenswertes Die Blätter werden im südamerikanischen Herbst geerntet und leicht über Feuer getrocknet, so dass ihr Blattgrün erhalten bleibt, aber keine Fermentation eintritt. Gleichzeitig entstehen bei diesem Prozess Aromastoffe. Matetee trinkt man mit einem Saugröhrchen aus einer Schale, die früher aus einem Kürbis (in der Inka-Sprache Mate genannt) gefertigt wurde. Spanische Missionare (Jesuiten) haben diesen Tee im Jahre 1578 von den Indianern des Amazonasgebietes kennen gelernt – daher rührt die Bezeichnung Jesuitentee. Die mit dem Matebaum eng verwandte heimische Stechpalme *(Ilex aquifolium)* enthält in ihren Blättern keine anregenden Wirkstoffe.

Tabak

Nicotiana tabacum Nachtschattengewächse (*Solanaceae*)

H bis 3 m Kraut

International:
tabaco (E), tobago (P), tabaco (I),
tabac (F), tobacco (GB)

Merkmale Einjähriges Kraut mit aufrechtem, kräftigem Stängel; Blätter wechselständig, sitzend bis leicht stängelumfassend, breitoval, glattrandig, mit großer Mittelrippe; Blüten klein, radiär, rötlich bei *Nicotiana tabacum* oder grünlich gelb beim Bauern-Tabak (*N. rustica*).

Herkunft und Verbreitung Die heute angebauten Arten stammen aus Bolivien und NW-Argentinien (*N. tabacum*) bzw. Peru (*N. rustica*). Sie sind wild nicht bekannt, sondern wahrscheinlich Bastarde aus mehreren Wildformen. Auch in Deutschland wird stellenweise Tabak angebaut, beispielsweise in der SW-Eifel und in der Pfalz.

Verwendung Nikotin – in den trockenen Blättern zu 0,5 bis über 15 % enthalten – ist das Hauptalkaloid der Tabakblätter. Es wirkt bereits in sehr kleinen Mengen zentralnervös erregend und steigert den Blutdruck. Aus Abfällen der Tabakwarenindustrie gewinnt man reines Nikotin zur Herstellung hochwirksamer Insektizide. Die meisten Orient-, Virginia-, Burley-, Kentucky- und Java-Tabake sind Sorten des Formenkreises *N. tabacum*.

Wissenswertes Der wissenschaftliche Gattungsname *Nicotiana* ehrt den französischen Diplomaten Jean Nicot, der um 1560 Tabakpflanzen an Katharina von Medici sandte und den Anbau empfahl. Der zweite Namensbestandteil geht auf das spanische *tabaco* zurück, womit jedoch nicht die Tabakblätter, sondern die Rauchinstrumente der Indianer Haitis bezeichnet wurden.

Olive, Ölbaum

Olea europaea Ölbaumgewächse *(Oleaceae)*

H bis 15 m   Baum oder großer Strauch

International:
olivo (E), oliveiro (P), olivo (I),
olivier (F), olive tree (GB)

Merkmale   Immergrüner, kleinerer Baum mit lichter, unregelmäßiger, ausgebreiteter Krone auf kurzem, gekrümmtem, stark drehwüchsigem Stamm, bei alten Exemplaren hohl oder löchrig durchbrochen; Blätter gegenständig, sitzend oder kurz gestielt, 2–8 cm lang und bis 1,5 cm breit, lanzettlich, vorne spitz, glattrandig, randlich leicht eingerollt, oberseits matt dunkel graugrün, unterseits grauweiß oder hellbräunlich behaart; Blüten klein, unscheinbar, mit weißlicher, zur Mitte hellgelber Krone; Windbestäubung. Steinfrucht (Olive) mit ölhaltigem Fruchtfleisch, 1–3 cm lang, reif bräunlich bis schwarz glänzend.

Herkunft und Verbreitung   Von der Atlantikküste der südlichen Iberischen Halbinsel und NW-Afrika (Marokko) bis nach Israel; im gesamten Mittelmeergebiet vielfach angepflanzt, in N-Italien auch am Gardasee. Kulturen heute auch in Australien, Südafrika, Kalifornien und Japan.

Verwendung   Die grünen bis blauschwarzen Oliven erntet man vor der Vollreife ab Oktober. Nach dem Zermahlen gewinnt man aus dem Fruchtfleisch in einer kalten Pressung das wertvollste Olivenöl. Die zweite, warme Pressung liefert ein immer noch als Speiseöl verwendbares Produkt, die dritte heiße Nachbehandlung ein nur noch für technische Zwecke verwendbares Öl. Das kalt und warm abgepresste Öl enthält zu etwa 65 % die Glyceride der Ölsäure neben ungefähr 10 % ungesättigten Fettsäuren (Linol- und vor allem Linolensäure). Die Öle der ersten (kalten) Pressungen heißen „extra virgine" und „virgine" – nur sie weisen den spezifischen Olivengeschmack auf, während den raffinierten Ölen der arttypische Geruch bzw. Geschmack fehlt. Die Speiseoliven stammen oft von besonderen Sorten. Sie werden durch Einlegen in alkalischen Kochsalzlösungen von den Bitterstoffen des Fruchtfleischs befreit und anschließend mit verschiedenen Gewürzen aromatisiert. Von einem Ölbaum lassen sich etwa 60 kg Oliven ernten, die rund 9 l Olivenöl ergeben. Die Bäume tragen alle 2 Jahre.

Wissenswertes Ein Ölbaum kann mehrere hundert Jahre, ausnahmsweise sogar etwa 2000 Jahre alt werden. Die aus dem Vorderen Orient stammende Nutzpflanze hat man im östlichen Mittelmeergebiet schon vor über 5000 Jahren in Kultur genommen hat. Die Ölfrucht oder Olive war neben Weinstock und Feigenbaum eine der Verheißungen des Alten Testaments – die Juden fanden sie im Gelobten Land bereits als Kulturpflanze vor. Der Ölbaumzweig ist ein uraltes, schon in der Antike verwendetes Symbol für Frieden und gute Absich-

Alte Ölbäume beeindrucken mit knorrigen Stämmen.

ten. Die in der mediterranen Macchie vorkommende Wildform ist ein im Aussehen ähnlicher kleiner Baum, jedoch mit bedornten Zweigen, kleineren Blättern und bitteren, kleinen Steinfrüchten.

AnzuchtTipp

Bringen Sie von Ihrer nächsten Reise in das Mittelmeergebiet eine vollreife schwarze Olive mit. Samen sind allerdings auch im Fachhandel zu haben. Man steckt sie etwa 2 cm tief mit der Spitze nach oben in einen Pflanztopf mit lockerer, möglichst leicht kalkhaltiger Anzuchterde und stülpt eine halbierte Plastikflasche darüber, die die Luftfeuchtigkeit hoch hält. Die Keimung kann wenige Wochen, aber auch bis zu 3 Monate dauern. Die Jungpflanzen benötigen einen hellen, warmen Platz, ertragen aber keine Staunässe.
Auch die Stecklingsvermehrung gelingt: Man schneidet junge Triebe im Frühjahr und bewurzelt sie in guter Pflanzerde.

Zuckerrohr

Saccharum officinarum Süßgräser *(Poaceae)*

H bis 7 m Staude

International:
cana de azúcar (E), zucchero (I), canne à sucre (F), sugar cane (GB)

Merkmale Mehrjähriges Gras mit 2–5 cm dickem Stamm mit lockerem Mark und bis zu 25 Blattknoten mit einem Ring unentwickelter Wurzelanlagen; Blätter wie beim Mais 1–2 m lang, wechselständig in 2 Zeilen; Blüten in langen, lockeren Rispen.

Herkunft und Verbreitung In der heute angebauten Form nur aus der Kultur bekannt, enthält die Gene mehrerer Wildgrasarten aus dem Ursprungsgebiet Südasien (Indien). Heute weltweit im Tropengürtel angebaut; liefert etwa 60 % der Weltzuckerproduktion.

Verwendung Aus dem lockeren Mark der erntereif vergilbenden Pflanzen gewinnt man durch Pressen und Auslaugen einen stark zuckerhaltigen Saft (bis 15 % Zuckergehalt). Der Saft wird nach mehrfacher Aufreinigung eingedickt und auskristallisiert (Raffinade) – das Ergebnis ist der übliche weiße Haushaltszucker, der nach dem wissenschaftlichen Gattungsnamen auch Saccharose heißt. Aus den zellulosehaltigen Pressrückständen, der Bagasse, stellt man Papier her, während der nach der Raffinade nicht weiter kristallisierbare Zuckersirup (Melasse) vergoren und anschließend zu Rum destilliert wird.

Wissenswertes Die Herstellung von weißem Kristallzucker aus dem Presssaft ist eine arabische Erfindung. In Europa verkaufte man Rohrzucker lange Zeit als teure Delikatesse in Apotheken, bis ab 1802 in Schlesien die Gewinnung des preiswerteren, chemisch identischen Rübenzuckers begann.

Sesam
Sesamum indicum Sesamgewächse *(Pedaliaceae)*

H bis 2 m Kraut

International:
sésamo (E), sesamo (I), sésame (F),
sesame (GB)

Merkmale Einjähriges Kraut mit meist unverzweigten, im Querschnitt quadratischen Stängeln; Blätter wechselständig, elliptisch zugespitzt, etwas gelappt, glattrandig oder fein gezähnt; Blüten klein, einzeln oder zu mehreren in den Blattachseln, weiß oder schwach rötlich violett bis weinrot, 2-lippig; Kapselfrucht länglich, vielsamig.

Herkunft und Verbreitung Ursprünglich in den Sommerregengebieten des tropischen Afrika beheimatet, eventuell auch in asiatischen Ländern am Indischen Ozean, aber früh nach O-Asien eingeführt.

Verwendung Die gelblich braunen, ca. 2 mm langen, flach eiförmigen Samen enthalten bis etwa 50 % fettes Öl und 20 % Protein. Das Öl gewinnt man durch Abpressen; es enthält die ernährungsphysiologisch bedeutsame Linolsäure und wird unter anderem auch in der Margarineherstellung verwendet.

KüchenTipp

Sesam-Samen schmecken nicht allzu aromatisch. Dennoch sind sie in vielen Gewürzmischungen enthalten. Die chinesische, japanische und koreanische Küche verwendet eine mit Ingwer, Knoblauch und Zitronensaft angereicherte Sesam-Paste zu Nudel- und Reisgerichten. Die japanische Würzmischung Gomasi besteht aus grobem Salz mit gemahlenem Sesam.

Kakao

Theobroma cacao Sterkuliengewächse *(Sterculiaceae)*

H bis 10 m Baum

International:
cacao (E), cacau (P), cacao (I),
cacao (F), cocoa (GB)

Merkmale Immergrüner Baum mit meist waagerecht abstehenden, etagenförmig ausgebreiteten Ästen; Blätter wechselständig, breitoval, bis 30 cm lang, zugespitzt; Blüten klein, büschelig am blattlosen Stamm oder an stärkeren Seitenästen; Beerenfrucht bis 20 cm lang, enthält etwa 20–60 ovale Samen (Kakaobohnen) von etwa 3 × 1 cm Größe.

Herkunft und Verbreitung Ursprünglich nur in Brasilien (Amazonas, Orinoko) in der Strauchschicht des Regenwaldes heimisch, heute vielfach in Plantagen angebaut. Haupterzeuger sind heute westafrikanische Länder (Nigeria, Ghana, Elfenbeinküste).

Verwendung Kakao gewinnt man aus den reifen Samen des Kakaobaums. Nach der Ernte entnimmt man die Samen und lässt sie in besonderen Gärkästen fermentieren. Dabei zersetzen sich die Reste des noch anhaftenden Fruchtfleisches (Pulpa), außerdem entstehen bei dieser Behandlung Aroma- und Farbstoffe. Nach etwa einer Woche wird die Gärung abgebrochen. Die getrockneten Samen werden nach Entfernen der Samenschalen gemahlen, wobei wegen des hohen Fettgehaltes ein zäher Brei entsteht. Zur Schokoladeherstellung wird dieser nach Zugabe von Zucker, Milchpulver und anderen Zutaten in Formen gegossen oder gewalzt. Seit 1875 ist ein Verfahren zur Herstellung von Schokoladentafeln verfügbar. Zur Gewinnung von Kakaopulver muss ein größerer Teil des Kakaobutter genannten Fettes abgepresst werden. Diese Masse wird zur Herstellung von Kakaogetränk nach dem 1820 entwickelten van Houten-Verfahren entölt und kann erst dann als Pulver gehandelt werden. Die separat gewonnene Kakaobutter wird weniger für die Lebensmittelherstellung, sondern meist in der Kosmetikindustrie verwendet. Im Unterschied zu den Null-Kalorien-Getränken Kaffee und Tee besitzt Kakao einen beträchtlichen Nährwert: Kakaopulver enthält etwa 25 % Fett, 15 % Protein und 10 % Kohlenhydrate. Ob Schokolade wegen der stimulierenden Alkaloide Theobromin und Koffein bei normalem Konsumverhalten süchtig macht, ist unter Fachleuten umstritten.

Wissenswertes Die Schokolade verdankt ihre Existenz einer schon ins 17. Jahrhundert datierenden Erfindung kubanischer Nonnen – sie dickten das schon den südamerikanischen Indianern bekannte Kakaogetränk mit Kakaobutter, karibischem Zucker sowie ein paar weiteren Zutaten zu einer dicklichen Masse ein. Allerdings bleiben angesichts der tropischen Temperaturen gewisse Zweifel, ob dieses Produkt schon quadratisch oder praktisch war. Jedenfalls wurde es vor allem von den Spaniern begeistert aufgenommen und alsbald auch in Europa ebenso bekannt wie beliebt. Schokolade fördert im Gehirn

Kakaofrüchte reifen direkt am Stamm.

die Freisetzung von Endorphinen – körpereigenen Substanzen, die Glücksgefühle auslösen. Außerdem enthält Kakao einen hormonähnlichen Stoff (= 2-Phenylethylamin), der ebenfalls das Gemüt erhellt. Die insgesamt beglückende Wirkung von Schokolade, die im übrigen auch Vitamine der B-Gruppe aufweist, ergibt sich nicht aus den Reinsubstanzen, sondern aus dem Zusammenwirken aller Komponenten.

KüchenTipp

Seit dem Welterfolg des Films „Chocolat" ist ein Milchkakao mit etwas gemahlenem Pfeffer und Paprikapulver nach Belieben geradezu ein Kultgetränk. Im Handel befinden sich ebenfalls Schokoladentafeln mit diesen delikaten Scharfmachern.

Gewürze

Kapern
Capparis spinosa Kapernstrauchgewächse *(Capparidaceae)*

H bis 1 m Strauch
International:
alcaparra (E, I), câpres (F),
capers (GB)

Merkmale Sommergrüner, kleiner
Strauch mit kurzen, meist liegenden
oder kriechenden Stämmchen und
aufsteigenden, rutenförmigen Ästen;
Blätter kurz gestielt, wechselständig,
2–6 cm lang und bis 4 cm breit, rundlich bis breit oval, vorne stumpf oder
leicht ausgerandet, graugrün; Blüten
einzeln, lang gestielt in den Blattachseln, ziemlich groß, 4–7 cm breit, mit
4 reinweißen Kronblättern, Staubblätter lang, hellviolett oder weißlich.
Herkunft und Verbreitung Fast
überall im Mittelmeergebiet, ferner
Krim, Kanarische Inseln, SW-Asien,
häufig auch kultiviert oder wegen der
dekorativen Blüten als Zierpflanze
verwendet.

Verwendung Die olivgrünen, erb-
sen- bis pfefferkorngroßen Kapern
sind die noch nicht geöffneten Blütenknospen (im Bild oben rechts). Da sie
trocken aufbewahrt sehr rasch ihr
Aroma verlieren, legt man sie in ge-
salzten Weinessig oder in Olivenöl ein.
Man verwendet die leicht bitter bis
herb schmeckenden Knospen als Gewürz zu Fisch- und Fleischspeisen
(Königsberger Klopse), außerdem
zum Aromatisieren von pikanten
Saucen.
Wissenswertes Nach der Ernte
lässt man die Knospen einige Tage
welken, und erst dabei entwickelt sich
der charakteristische Geschmack. Bei
den im Handel erhältlichen Kapern
gibt es verschiedene Sorten und Qualitäten. Ersatzweise verwendet man
Blütenknospen der Kapuzinerkresse
(Tropaeolum majus). Sie tragen auch
die Bezeichnung Deutsche Kapern.

Chili, Peperoni, Cayennepfeffer

Capsicum frutescens Nachtschattengewächse *(Solanaceae)*

H bis 2 m Strauch
International: guindilla (E),
peperoni (I), piment enragé,
cayenne (F), red pepper, chillis (GB)

Merkmale Buschig wachsender kleiner Strauch; Blätter 4–10 cm lang und bis 4 cm breit, länglich oval, zugespitzt; Blüten grünlich, aufrecht, meist zu je 2 in den Blattachseln; Beerenfrüchte bei der Wildform 1–5 cm lang, bei Kultursorten bis 15 cm, spitzkegelig, reif leuchtend rot.

Herkunft und Verbreitung Ursprünglich in Süd- und Mittelamerika sowie in der Karibik beheimatet, heute in vielen tropischen Gebieten in verwirrender Sortenfülle in Kultur.

Verwendung Chilis sind von noch beißenderem Geschmack als die übliche Gewürz-Paprika, da sie (vor allem in den Samen) fast die doppelte Menge des Alkaloids Capsaicin enthalten.

Auf dem Weltmarkt wird die Schärfe von 1–10 klassifiziert. Zur höllisch scharfen Klasse 10 gehört die Sorte 'Charleston Hot' aus South Carolina. Man verwendet Chilis in mexikanisch inspirierten Gerichten (Chili con carne) als Pulver, in Pasten, Ölen und Saucen, etwa in der berüchtigten Tabasco oder in der Hot Chili bzw. Hot Pepper Sauce sowie in der afrikanischen Harissa.

Wissenswertes Die beißende Schärfe lässt sich abmildern, wenn man keine Kerne und Scheidewände der reifen Früchte verwendet. Außer *Capsicum frutescens* sind weitere heftig schmeckende Paprika-Arten in Gebrauch wie Rocoto *(C. pubescens)*, Jamaican Hot *(C. chinense)*. Obwohl mitunter auch als Cayennepfeffer bezeichnet, sind Chilis und andere Paprika-Arten mit dem Pfeffer nicht verwandt.

Zimt

Cinnanomum verum Lorbeergewächse *(Lauraceae)*

H bis 20 m Baum

International:
canela (E), cinnanomo (I),
annelle (F), cinnamon (GB)

Merkmale Unter Zimt versteht man die Rinde von Zweigen des auch Kaneel genannten Zimtbaums (*Cinnamomum verum = C. zeylanicum*) sowie der Zimtkassie (*C. aromaticum = C. cassia*). Die Bäume sind immergrün; Blätter gegenständig, oval, mit 3–5 auffallenden, bogig verlaufenden Blattnerven; Blüten klein, in aufrechten Rispen; birnenförmige Beerenfrüchte dunkelgrün bis braunrot.

Herkunft und Verbreitung Kaneel kommt wild wachsend in Sri Lanka (Ceylon) vor und wird dort, in Indien, auf den Sunda-Inseln und in Brasilien angebaut. Die Zimtkassie stammt aus Hinterindien und China und wird außerdem in Japan sowie auf Java kultiviert. In Kultur hält man die Zimtbäume wie Kopfweiden.

Verwendung Die getrocknete, gerollte Zweigrinde enthält ein ätherisches Öl mit der Hauptkomponente Zimtaldehyd. Zimtpulver verwendet man als Gewürz für Backwaren, Schokolade, Liköre und Glühwein. Reines Zimtöl nutzt man in der Parfüm- und Kosmetikindustrie.

Wissenswertes Duftöl aus dem Zimtbaum war im Altertum Bestandteil des Salbungsöls der Priester.

KüchenTipp

Besonders empfehlenswert ist Zimt zu Apfelmus, Bratäpfeln, in Rum gebratenen Bananen und in Rotwein pochierten Birnen.

Koriander
Coriandrum sativum Doldenblütengewächse *(Apiaceae)*

H bis 0,5 m Kraut

International:
coulantro (E), coriandolo (I),
coriandre (F), coriander (GB)

Merkmale Einjähriges Kraut mit festen, nicht hohlen, aufrechten Stängeln; untere Blätter doppelt gefiedert, obere meist einfach, Fiederabschnitte rundlich mit schmalen Zipfeln; Dolden weiß oder rötlich, 2- bis 5-strahlig, mit strahlenden, 2-zipfligen Randblüten. Alle Teile riechen frisch unangenehm nach Wanzen, daher etwas abfällig auch Wanzendill genannt.

Herkunft und Verbreitung Im östlichen Mittelmeergebiet und Vorderer Orient, in N-Afrika und auf dem Balkan angebaut, auch bei uns gelegentlich in Gartenkultur.

Verwendung Im Unterschied zur frischen Pflanze schmecken die getrockneten Früchte angenehm mild aromatisch. Sie wirken Appetit anregend und fördern durch Verdauungsanregung die Bekömmlichkeit von Speisen. Man verwendet sie gemahlen zum Aromatisieren von Weihnachtsgebäck (Spekulatius, Lebkuchen, Printen), Wurstwaren sowie als Bestandteil von Currypulver.

KüchenTipp

Im Orient und in der griechischen Küche würzt man mit zerkleinertem Koriander Gemüseeintöpfe. Eine Spezialität Zyperns sind gemahlene Korianderfrüchte mit zerstoßenen Oliven. In der Karibik nimmt man ihn gerne zusammen mit Kreuzkümmel zu Fischgerichten.

Safran
Crocus sativus Schwertliliengewächse *(Iridaceae)*

H bis 0,15 m Staude
International:
azafran (E), zafferano (I), safran (F),
saffron (GB)

Merkmale Mehrjährige, an der Basis knollig verdickte Staude mit schmalen, linealischen, bis 20 cm langen Blättern in grundständiger Rosette; Blüten wie bei Garten-Krokussen einzeln, mit 6 hellvioletten, am Grund röhrig verwachsenen Blütenhüllblättern; Griffel etwa 20 cm lang, im oberen Teil kräftig dunkel orangegelb und in mehrere Narbenäste (= Safranfäden) geteilt.

Herkunft und Verbreitung Vorderasien, nur aus der Kultur bekannt, heute im Mittelmeergebiet und in Indien häufig angebaut. Die Pflanzen sind nur vegetativ über die unterirdisch entwickelten Sprossknollen zu vermehren, da sie triploid (und somit steril) sind.

Verwendung Die obersten 2–3 cm langen Abschnitte des Griffels (Narbenäste) werden frisch oder getrocknet als aromatisches, leicht bitteres Gewürz oder als Lebensmittelfarbe für Gebäck („Safran macht den Kuchen geel") oder für Reisgerichte verwendet. Safran ist gemahlen oder getrocknet im Handel.

Wissenswertes Für 1 kg Safran benötigt man bis zu 200 000 Einzelblüten, die von Hand gesammelt werden. Eine maschinelle Ernte ist nicht möglich. Entsprechend teuer ist das Gewürz. Sein Duft geht auf ein ätherisches Safranöl zurück, das Färbevermögen auf das Carotinoid Crocin, das wegen seiner Bindung an zwei Zuckermoleküle ausnahmsweise wasserlöslich ist. Heute verwendet man zum Lebensmittelfärben eher das preiswertere Kurkuma oder Blütenteile der Ringelblume.

Kreuzkümmel

Cuminum cyminum Doldenblütengewächse *(Apiaceae)*

H bis 0,5 m Kraut

International:
comino (E), cumino (I), cumin (F),
cumin (GB)

Merkmale Einjähriges Kraut mit längsstreifigen, verzweigten Stängeln, nur in den Blattknoten hohl; Blätter wechselständig, schmalzipflig gefiedert. Blüten weiß, in endständigen Dolden. Früchte schmal, leicht sichelförmig, ähnlich dem Echten Kümmel.

Herkunft und Verbreitung Stammt aus N-Afrika (Niltal), wird aber im gesamten Vorderen Orient sowie in Chile und Indien angebaut.

Verwendung Die länglichen, würzig-aromatisch bis leicht scharf schmeckenden Spalthälften der Früchte (Achänen) werden ähnlich den Früchten des sehr nahen Verwandten Echten oder Wiesen-Kümmels *(Carum carvi)* verwendet, denen sie auch in ihrem spezifischen Aroma ähneln. Außer der orientalischen und indischen verwendet auch die iberisch inspirierte Küche gemahlenen oder zuvor in Öl gerösteten Kreuzkümmel zusammen mit Safran, Anis und Zimt. In N-Afrika ist er aromatisierender Bestandteil von Couscous. Er passt sehr gut zu Reis, Sauerkraut und Kürbis. Kreuzkümmel ist auch in holländischen Käsesorten enthalten.

Wissenswertes Im frühen Mittelalter war Kreuzkümmel auch in Mitteleuropa bekannt und beliebt, wie bereits die berühmte Landgüterverordnung Karls des Großen erkennen lässt. Er wurde aber in der Folgezeit vom Echten Kümmel zunehmend verdrängt. Mitunter wird die Pflanze auch als Römischer Kümmel bezeichnet – ein Name, der auch für den Schwarzkümmel in Gebrauch ist.

Kurkuma, Gelbwurzel, Safranwurz

Curcuma longa Ingwergewächse *(Zingiberaceae)*

H bis 1 m Staude

International:
curcuma (E), curcuma (I),
curcuma (F), turmeric (GB)

Merkmale Ingwerähnliche Staude mit knollig-fleischigem, verzweigtem Wurzelstock; Blätter lang gestielt, lanzettlich, hellgrün, mit schlanker Spitze; Blüten, hellgelb, in aufrechten, lang gestielten, dichten Trauben. Kapselfrüchte länglich.

Herkunft und Verbreitung Regenwaldgebiete in S- und SO-Asien; die Pflanze wird heute weltweit in den Tropen angebaut. Haupterzeuger sind Indien und Thailand.

Verwendung Verwendet wird nur der Wurzelstock. Nach dem Kochen, bei dem sich die auffällige gelbe Färbung entwickelt, und Trocknen wird die Rinde abgerieben und verworfen. Genutzt wird nur der kräftige Innen-

teil. Er kommt in Stücken oder zu Pulver gemahlen in den Handel. Kurkuma entwickelt einen aromatisch-würzigen, ingwerähnlichen und nur mäßig scharfen Geschmack. In Indonesien färbt man damit festliche Reisgerichte. In Indien und in der Karibik ist es die Basis von Currypulver und Pasten. In England ist es Bestandteil der Worcestersauce. Den Farbstoff verwendete man auch für Käse, Margarine und Senf.

Wissenswertes Kurkuma färbt Finger und Kleidung recht nachhaltig – daher sollte man bei der Verarbeitung vorsichtig sein. In den Ursprungsländern färbt man damit auch Tücher und Leder. In Südeuropa kannte man durch ferne Handelsbeziehungen das Gewürz schon im Altertum. In Deutschland wird es bisher kaum verwendet, in den USA ist es jedoch recht beliebt.

Zitronengras, Limonengras

Cymbopogon citratus Süßgräser *(Poaceae)*

H bis 0,5 m Staude

International:
hierba de limon (E), citronellla (I),
herbe de limon (F), lemon grass (GB)

Merkmale Mehrjähriges, horstbildendes Gras mit leicht verdickten, sehr faserigen Stängelbasen und flachen, bogig überhängenden, vorne stumpfen, aber scharfrandigen Blättern; Blüten unscheinbar grünlich, in aufrechten Rispen; alle Teile duften beim Zerreiben intensiv nach Zitrone.

Herkunft und Verbreitung Ursprünglich vermutlich nur im tropischen Amerika, heute auch in SO-Asien vielfach kultiviert.

Verwendung Frische, klein geschnittene Stängel- und Blattstücke verwendet man in Thailand zu Currys und Suppen, in Vietnam zu Salat und Frühlingsrollen, in Indonesien als Bestandteil verschiedener Gewürzmischungen zu Huhn und Schwein. Zitronengras passt auch sehr gut zu Fisch und Meeresfrüchten, besonders Krabben und Muscheln.

Wissenswertes Limonen ist – wie bei der Zitrone – die äußerst angenehm fruchtig duftende Hauptkomponente im ätherischen Öl. Beim Trocknen verliert sich die aromatische Note. Das durch Destillation gewonnene reine Öl dieses Grases ist häufig auch in Seifen und Spülmitteln oder in Kosmetika enthalten. Die Verwendung dieser Pflanze ist ähnlich den Einsatzgebieten des als Mexikanischer Oregano oder Zitronenstrauch *(Lippia graveolens)* gehandelten Eisenkrautgewächses, einem kleinen Baum bis 9 m Höhe, von dem nur die Blätter verwendet werden. Zitronengras kann man bei uns in Kübeln ziehen, die allerdings frostfrei überwintert werden müssen.

Kardamom
Eletteria cardamomum Ingwergewächse *(Zingiberaceae)*

H bis über 2 m Staude

International:
cardamomo (E), cardamomo (I),
cardamome (F), cardamom (GB)

Merkmale Ausdauernde, krautige Pflanze von schilfartigem Aussehen mit fleischigem, unterirdischem Wurzelstock; Blätter wechselständig, breit lanzettlich, bis 70 cm lang; Blüten in liegenden, nur an der Spitze aufgerichteten Ähren, 3-zählig, weiß, etwa 1 cm breit, entwickeln sich nach der Befruchtung zu einer längsstreifigen, gelbgrünen, 3-fächerigen und 3-klappig geöffneten Kapsel mit eckigen Samen.

Herkunft und Verbreitung Heimisch in den feuchten, halbschattigen Bergwäldern von Sri Lanka und Südindien, heute auch in Vietnam, Guatemala, Tansania und Brasilien kultiviert.

Verwendung Die runzligen, etwa 3 mm langen, hellbraunen Samen duften aromatisch, schmecken anfangs süßlich, dann aber brennend scharf. Man verwendet Kardamom als Gebäckgewürz (Lebkuchen, Pfefferkuchen), für Liköre sowie zum Aromatisieren von Fleisch- und Wurstwaren. In den arabischen Ländern nimmt man 1–2 Samen je Tasse zum Würzen von Kaffee. Kardamom ist eine unentbehrliche Zutat in indischem Curry-Pulver.

Wissenswertes Durch die Araber und die Karawanenrouten war das schon immer ziemlich teure Samengewürz bereits den Griechen und Römern bekannt. Die Wikinger brachten Kardamom von Konstantinopel mit nach Skandinavien, wo er bis heute besonders beliebt ist. So genannter Schwarzer Kardamom stammt von *Amokum*- und *Alframomum*-Arten.

Culentro
Eryngium foetidum Doldenblütengewächse *(Apiaceae)*

H bis 0,5 m Staude

International:
culentro (E), cilantro (I),
chardon étoile (F), spirit weed (GB)

Merkmale Zweijähriges Kraut mit fleischigen, dicken Wurzeln; Blätter in grundständiger Rosette, lanzettlich-spatelig, bis 10 cm lang und 3 cm breit, scharf gesägt; Blüten unscheinbar, in grünlicher, kopfiger Dolde.

Herkunft und Verbreitung Kommt ursprünglich im südlichen Mexiko, in der Karibik und im nördlichen S-Amerika vor; in den südlichen USA eingeführt und stellenweise verwildert. Auch in SO-Asien zunehmend kultiviert und beliebt.

Verwendung In der Karibik schätzt man das ausgesprochen herbe, etwas erdige und dem Koriander ähnliche Aroma, das einen leicht bitteren Nachgeschmack bringt, und würzt damit geradezu leidenschaftlich, vor allem in Puerto Rico. In Vietnam finden sich die klein gehackten Blätter fast immer in den Schalen mit frischen Kräutern, die zu jeder Speise serviert werden. Man würzt mit Culentro (auch die Schreibweise Culantro ist verbreitet) Fischgerichte, Salat, Suppen und Eintöpfe. Verwendet wird die Blattspreite ohne Mittelrippe.

Wissenswertes Blätter dieser mit der heimischen Stranddistel eng verwandten Pflanzen sind in den Ursprungsländern auch volksmedizinisch als Appetitanreger und vorbeugend gegen Erkältungen im Gebrauch. Eventuell irreführende Handelsnamen sind Mexikanischer Koriander oder Sägeblattkraut. Man erhält dieses Gewürz über spezielle Kräuteranbieter (Internet) und zunehmend auch in Asienläden, meist in kleinen Bündeln.

Sternanis
Illicium verum Sternanisgewächse *(Illiciaceae)*

H bis 10 m Baum

International:
badian (E), anice stellato (I),
anis étoile (F), star anise (GB)

Merkmale Immergrüner Baum mit weißlicher Rinde; Blätter wechselständig, ungeteilt, lanzettlich, dunkelgrün; Blüten klein, radiär, gelblich bis rötlich; reifen zu sternförmig um die Achse angeordneten, kahnförmigen, 1-samigen Balgfrüchten mit 8 Zacken, die außen grau-, innen rotbraun gefärbt sind.

Herkunft und Verbreitung Heimisch in Südchina und Hinterindien, Anbau in Kambodscha, Vietnam, Indonesien und auf den Philippinen, heute in vielen subtropischen Regionen angebaut.

Verwendung Als Sternanis-Gewürz dienen die leicht verholzten Fruchtwände, während die Samen keinen Aromawert aufweisen. Hauptbestandteil ist ein ätherisches Öl mit 80 % Anethol wie im Anisöl aus den Früchten vom Echten Anis *(Pimpinella anisum)*. Man aromatisiert damit Pflaumenmus, Fruchtsirup, Gebäck, Konfekt, Liköre (Pastis, Anisette) und Süßwaren (Kaugummi, Hustenbonbons), aber auch Fisch und andere Meeresfrüchte. Wegen ihres hübschen Aussehens dekoriert man mit den Sammelbalgfrüchten auch die fertigen Gerichte.

KüchenTipp

Gedünstete Früchte: Bornen, Feigen oder andere tropische Früchte mit gemahlenem Sternanis würzen.

Lorbeer

Laurus nobilis Lorbeergewächse *(Lauraceae)*

H bis 8 m großer Strauch oder Baum

International:
laurel (E), lauro (I), laurier (F),
laurel, bay leaves (GB)

Merkmale Immergrüner Großstrauch oder kleiner Baum anfangs
kegelförmiger, später rundlicher Krone; Blätter wechselständig, ledrig
derb, bis 10 cm lang und 4 cm breit,
lanzettlich, am Rande leicht wellig
oder undeutlich gekerbt, oberseits
glänzend dunkelgrün, unterseits
matt hellgrün, duften beim Zerreiben
angenehm aromatisch; Blüten klein,
unauffällig, grünlich gelb, zu mehreren in den Blattachseln; Beerenfrucht
kugelig, um 1 cm groß, reif matt glänzend schwarz.

Herkunft und Verbreitung Ursprünglich nur auf dem Balkan und in
Kleinasien, heute im gesamten
Mittelmeergebiet als Kultur- und
Zierpflanze weit verbreitet. Nördlich
der Alpen nicht besonders frostbe-
ständig.

Verwendung Frische Lorbeerblätter
schmecken stark bitter. Beim Trocknen verliert sich der Bittergeschmack,
während das feine Aroma erhalten
bleibt. Getrocknet verwendet man sie
auch gerne im Bouquet garni – einem
Kräutersträußchen mit Thymian,
Rosmarin, Salbei und Petersilie.

KüchenTipp

Lorbeerblätter geben ihr Aroma nur relativ langsam ab, dafür würzen sie aber
recht stark. Man verwendet für ein normales Gericht (3–4 Personen) höchstens
2–3 getrocknete Blätter und nimmt sie vor dem Servieren wieder heraus.

Muskatnuss
Myristica fragrans Muskatnussgewächse *(Myristicaceae)*

H bis 15 m Baum

International:
nuez moscada (E), noce moscada (I),
noix de muscade (F), nutmeg (GB)

Merkmale Immergrüner, dichtlaubiger Baum bis 20 m Höhe, in der Kultur aber meist niedriger; Blätter glattrandig, wechselständig, elliptisch, spitz, bis 15 cm lang; Blüten um 1 cm lang, glockig; Balgfrüchte pfirsichartig, etwa 7 × 9 cm groß, öffnen sich reif 2-klappig; Samen ca. 1,5 cm groß, von einem dickhäutigen, leuchtend roten, zerschlitzten Samenmantel (= Mazis) umgeben.

Herkunft und Verbreitung Ursprünglich nur auf den Molukken und den Banda-Inseln, heute fast überall in den Tropen angebaut.

Verwendung Sowohl die von einer schwarzen, holzigen Samenschale umgebenen „Nüsse" als auch die Mazis dienen als aromatisierendes Gewürz. Beide enthalten neben ca. 30 % fetten Ölen größere Mengen ätherisches Öl, dessen einzigartig geschmacksbestimmende Komponente Myristicin heißt. Muskatnuss und Mazis dienen in der Küche zum Aromatisieren von Suppen, Nudel- und Fleischgerichten, Gemüsen, Backwaren (Lebkuchen) und Siedewürstchen, wobei das Aroma von Mazis etwas feiner eingeschätzt wird als das der geriebenen Samen.

Wissenswertes In größeren Mengen sollte man Muskatnuss und Mazis nicht verwenden – sie wirken nämlich halluzinogen und sind toxisch. Die Muskatnüsse im Handel zeigen einen weißlichen Kalküberzug. Sie werden vor dem Export gekalkt. Diese Maßnahme diente früher gegen Schadinsekten und ist heute nur noch ein Gütekriterium.

Schwarzkümmel
Nigella sativa Hahnenfußgewächse *(Ranunculaceae)*

H bis 0,5 m Kraut

International:
niguiella (E), nigella (I), nigelle (F),
black cummin (GB)

Merkmale Einjähriges, sehr dekoratives Kraut mit aufrechtem, verzweigtem Stängel; Blätter wechselständig, mehrfach gefiedert, mit schmalen Endzipfeln; Blüten groß, weiß, an den Blütenblattspitzen bläulich. Balgfrucht.

Herkunft und Verbreitung Heimisch in Südosteuropa, Vorder- und W-Asien, von Nordafrika bis Indien häufig angebaut. Kann in Mitteleuropa als Sommerpflanze in Gartenkultur gezogen werden.

Verwendung Die recht scharf schmeckenden, 3-kantigen, matt schwarzen und sich leicht rau anfühlenden Samen dienen in vielen Gegenden zusammen mit Sesam und Kümmel als Brotgewürz. Eine Mischung dieser Samen mit Fenchel, Senfsamen und Bockshornklee bildet die berühmte indische Gewürzmischung Panch Phoron, die man zu Currys, Pilaws (orientalischer Eintopf) und anderen Gerichten nimmt. Besonders empfehlenswert ist Schwarzkümmel zu Bratkartoffeln, Hülsenfrüchten, Wurzelgemüse und Omelettes.

Wissenswertes Trotz seiner orientalischen Herkunft war der Schwarzkümmel schon im frühen Mittelalter sehr beliebt – die berühmte Landgüterverordnung Karls des Großen empfiehlt ihn ausdrücklich zum Anbau in den Kräutergärten von Klöstern und Höfen. Dauergebrauch oder Überdosierung sind allerdings gefährlich. Mitunter werden die Schwarzkümmel-Samen nicht ganz korrekt als „Zwiebelsamen" verkauft.

Pfeffer

Piper nigrum Pfeffergewächse *(Piperaceae)*

H bis 15 m   Kletterstrauch

International:
pimienta negra (E), pepe nero (I), poivre (F), pepper (GB)

Merkmale   Immergrüne, mehrjährige Liane, klettert mit Haftwurzeln wie Efeu; Blätter wechselständig, lederig, glänzend dunkelgrün, asymmetrisch elliptisch, bis über 15 cm lang; Blüten klein, unscheinbar, zahlreich in hängenden, bis 20 cm langen Ähren gegenständig zu den Stängelblättern; Steinfrüchte etwa 5 mm groß.

Herkunft und Verbreitung   Ursprünglich nur in Indien (Malabarküste), heute überall in den Tropen an Stützbäumen (meist Kokospalmen) kultiviert.

Verwendung   Der scharfe Geschmack geht auf das Alkaloid Piperin aus dem Steinkern zurück, die aromatischen Bestandteile sitzen eher im Fruchtfleisch. Schwarzer Pfeffer sind die kurz vor der Vollreife geernteten Früchte, die beim Trocknen fermentieren. Weißer Pfeffer besteht aus den maschinell vom weichen Fruchtfleisch befreiten Steinkernen, die vollreif geerntet wurden – er ist weniger aromatisch. Grüner Pfeffer sind vor der Reife geerntete ungeschälte Früchte, die man ohne Trocknung in Salzlake oder Speiseöl einlegt. Roter Pfeffer sind ähnlich behandelte vollreif geerntete Früchte. Je nach Anbauland und Sortenzugehörigkeit unterscheiden sich die Herkünfte in Schärfe und Aroma beträchtlich.

Wissenswertes   Pfeffer war früher in Europa ein hoch bezahltes Gewürz. In SO-Asien werden auch einige weitere Pfeffer-Arten als Gewürz verwendet. Größere Bedeutung hat davon aber nur der auf Java angebaute Kubeben-Pfeffer *(Piper cubeba)*.

Wohlriechender Knöterich, Rau Ram
Polygonum odoratum Knöterichgewächse *(Polygonaceae)*

H bis 0,3 m Staude

International: culatro de Vietnam (E), cilantro (I), basilic chinois (F), Vietnamese cilantro (GB)

Merkmale Mehrjähriges Kraut mit liegenden oder aufsteigenden, buschig verzweigten Stängeln; Blätter wechselständig, lanzettlich, kurz zugespitzt, frisch grün, oberseits in der Spreitenmitte mit dunkel purpurner, breit V-förmiger Blattzeichnung und eventuell wenigen weiteren Flecken, ähnlich wie beim heimischen Floh-Knöterich *(Polygonum persicaria)*, dem die Pflanze sehr ähnlich ist.

Herkunft und Verbreitung SO-Asien (Vietnam), heute auch in Frankreich und in den USA kultiviert.

Verwendung Die frischen Blätter duften ähnlich wie frischer Koriander und schmecken erfrischend scharf, wobei sich im Nachgeschmack eine deutlich pfefferige Note entwickelt. Man verwendet die Blätter als Gewürz für Fischgerichte, Meeresfrüchte, aber auch zu Geflügel und Fleisch. Die vietnamesische Küche kennt einen Hühnerfleischsalat mit Kohl, den man mit Rau Ram, Chilis und Zitronensaft würzt. In Singapur und Malaysia dekoriert man mit den Blättern die bekannte Laksa, eine würzige Fischsuppe.

Das Blattaroma verträgt das Mitkochen, wenn man die Blätter etwa nach der halben Garzeit zufügt.

Wissenswertes Vietnamesische Emigranten brachten die Pflanze um 1970 nach Frankreich und in die USA, wo das tropische Würzkraut unterdessen sehr beliebt ist. Eventuell irreführende Handelsnamen sind unter anderem Vietnamesisches Basilikum, Vietnamesischer Koriander oder Laksablatt.

Peruanischer Pfefferbaum
Schinus molle Sumachgewächse *(Anacardiaceae)*

H bis 15 m   Baum
International:
molle (E), aveira (P), poivre de
Perou (F), pink pepper (GB)

Merkmale Immergrüner Baum mit dünnen, locker und etwas wirr verzweigten, meist leicht hängenden Ästen; Blätter wechselständig, unpaarig gefiedert, um 15 cm lang; Fiedern graugrün, etwa 3 cm lang und bis 5 mm breit, duften beim Zerreiben stark nach Pfeffer; beerenartige Steinfrüchte erbsengroß, gelbrot.
Herkunft und Verbreitung Ursprünglich in S-Amerika (Peru, Brasilien, Uruguay), heute fast überall in den Tropen angebaut. Sehr ähnlich ist der ebenfalls kultivierte und in vielen gemäßigten Zonen auch häufig verwilderte und sehr dekorative Brasilianische Pfefferbaum *(Schinus terebinthifolius)*.

Verwendung Verwendet werden die getrockneten und dabei etwas nachdunkelnden Steinfrüchte, die in Größe und Färbung dem echten Pfeffer *(Piper nigrum)* ähneln, aber damit nicht näher verwandt sind. Ihr mäßiger pfefferartiger und ein wenig an Wacholder erinnernder Geschmack hat jedoch eine etwas bittere Beinote. Man würzt damit Fisch-, Geflügel- und Fleischgerichte (Wild), aber auch Saucen zu Hummer und anderen Krustentieren. Wegen des Farbeffekts lassen sich die Früchte auch mit echten Pfefferkörnern mischen.
Wissenswertes Die in den Früchten enthaltenen Monoterpene können Darmbeschwerden auslösen, weswegen man das Gewürz nur vorsichtig dosieren sollte. Im Handel sind gefriergetrocknete Früchte erhältlich, die besser sind als die konventionell getrockneten.

Gewürznelke
Syzygium aromaticum Myrtengewächse *(Myrtaceae)*

H bis 12 m Baum

International:
clavo (E, I), clous de girofle (F),
clove tree (GB)

Merkmale Immergrüner Baum mit gegenständigen, ovalen Blättern; Blüten in doldenartigen Rispen, 4-zählig, rot; Beerenfrucht dunkelrot.
Herkunft und Verbreitung Ursprünglich nur auf den Molukken, heute in Indonesien, Sri Lanka, Madagaskar, Sansibar sowie im tropischen Amerika vielfach kultiviert.
Verwendung Gewürznelken sind die bis 17 mm langen, vor dem Öffnen geernteten, nach kurzer Fermentation dunkelbraunen und dann luftgetrockneten Blütenknospen des Baumes, da sie im noch geschlossenen Zustand den höchsten Aromagehalt aufweisen. Hauptbestandteil ist das scharf schmeckende Nelkenöl (Eugenol), das man auch durch Destillation gewinnt. Nelkenaroma ist eine wichtige Zutat zu Glühwein, Kräuterlikör, Gebäck, Fleisch- und Gemüsegerichten. Reines Nelkenöl verwendet man auch in der Zahnmedizin.
Wissenswertes Die Aroma liefernden Öldrüsen sitzen unter der Epidermis des länglichen Fruchtknotens.

KüchenTipp

Gewürznelken sind zusammen mit Sternanis, Kassiazimt, Fenchelfrüchten und Szechuanpfeffer Bestandteil des berühmten Fünf-Gewürze-Pulvers der chinesischen Küche und auch im Curry enthalten. Man nimmt es zu Geflügel und Schwein.

Vanille
Vanilla planifolia Orchideengewächse *(Orchidaceae)*

H bis 10 m   Staude

International:
vainilla (E), vaniglia (I), vanille (F),
vanilla (GB)

Merkmale Mehrjährige Kletterstaude, verankert sich mit Rankwurzeln an Stützpflanzen; Blätter oval, dicklich, sitzend, längsstreifig; Blüten in den Blattachseln, gelblich grün, in gestielten Trauben, öffnen sich nur kurz am Vormittag; Bestäubung durch Kolibris oder (in Plantagen) künstlich von Hand.

Herkunft und Verbreitung Ursprünglich nur in Mittelamerika (Mexiko bis Panama), heute in vielen tropischen Ländern (vor allem Madagaskar, Komoren, Réunion) kultiviert.

Verwendung Die bis 35 cm langen, schlanken Kapselfrüchte liefern die wertvolle Gewürzvanille („Vanilleschoten"). Die Früchte werden vor der Vollreife geerntet und dann mehrere Wochen lang fermentiert, wobei sie allmählich ihre glänzend schwarze Färbung annehmen. Hauptaromaträger ist das Vanillin neben mehreren Dutzend weiteren Bestandteilen. Insofern kann synthetisches Vanillin das Gewürz nicht vollwertig ersetzen. Man verwendet Vanille als Gewürz für Milchspeisen (Jogurt, Eiscreme), Fruchtkonserven, Backwaren, Likör und Tee.

Wissenswertes Bis 1846 hatten die Mexikaner das Produktionsmonopol. Über botanische Gärten in London und Paris gelangten Stecklinge nach Java und die Insel Réunion (früher Bourbon, daher Qualitätsbezeichnung Bourbon-Vanille). Da in der Neuen Welt die natürlichen Bestäuber fehlen, entwickelte man die künstliche Bestäubung von Hand, die heute weltweit praktiziert wird.

Ingwer

Zingiber officinale Ingwergewächse *(Zingiberaceae)*

H bis 1 m Staude

International:
gengibre (E), zenzero (I),
gingembre (F), ginger (GB)

Merkmale Mehrjährige, krautige Pflanze mit großem, fleischigem, verzweigtem bzw. knollig gegliedertem Wurzelstock; Blätter schmal, bis 20 cm lang, duften beim Zerreiben aromatisch; Blüten gelb, zu mehreren in aufrechten Ähren.

Herkunft und Verbreitung Ursprünglich nur in Indien und in SO-Asien schon vor über 2000 Jahren genutzt. Wildform unbekannt. Heute vor allem in Indien und China angebaut.

Verwendung Das Gewürz ist der meist frisch, aber auch getrocknet verwendete, geschälte oder ungeschälte stärkereiche Wurzelstock. Man schätzt seine durchdringend pfefferige bis brennende Geschmacksnote überall in Asien in pikanten Gerichten (darunter Chutneys, Currys und Pickles), bereitet ihn aber auch als Gemüse zu. Die scharfaromatische Note von getrocknetem und geriebenem Ingwer passt hervorragend zu Meeresfrüchten. Außerdem dient er zum Aromatisieren von Getränken (Ginger Ale), Backwaren oder Wurstwaren. Das durch Destillation gewonnene Ingweröl verwendet die Likörindustrie. In Zuckersirup gekochte und anschließend luftgetrocknete junge Ingwerknollen sind eine recht scharf schmeckende Süßigkeit. In der japanischen Küche verwendet man auch eingelegte Stängelstücke als Gemüse oder Beilage.

Wissenswertes In seinem Ursprungsgebiet war Ingwer der wichtigste Bestandteil in der konfuzianischen Ernährungslehre.

Register

Acca sellowiana 93
Acer saccharum 196
Acerola 68
Actinidia chinensis 18
Agave 197
Agave americana 197
Allium cepa 115
Allium fistulosum 114
Allium porrum 115
Allium sativum 116
Allium schoenoprasum 115
almond 193
Amazonasguave 59
Ananas 20
Ananas comosus 20
Andenbeere 88
Anis, Echter 230
Annona cherimola 22
Annona muricata 23
Annona reticulata 22
Annona squamosa 22
Annone, Netz- 22
Annone, Stachel- 23
Antillenkirsche 68
Apfeljambuse 101
Apfelsine 47
Arachis hypogaea 178
Arazá 59
Arenga pinnata 198
Artischocke 140
Artocarpus altilis 24
Artocarpus communis 118
Artocarpus heterophyllus 24
Artocarpus odoratissimus 24
Aspalathus linearis 199

Atriplex hortensis 119
Aubergine 168
Augenbohne 173
Averrhoa carambola 25
Avocado 158

*Balsam pear 152
Balsamapfel 152
Balsambirne 152
Balsampflaume 99
bamboo shoots 142
Bambus 142
banana 76
Banane 76
Banane, Koch- 153
Banane, Mehl- 153
Barbados cherry 68
Batate 146
Baumtomate 52
bay leaves 231
Bergamotte 33
Bergspinat 119
Bertholletia excelsa 180
Binjai 69
Birne, Kultur- 96
Birne, Orient 96
Birnenmelone 97
bitter cucumber 152
Bittergurke 152
Bitterorange 32
black cummin 233
Blaubeere, Riesen- 104
bluegreen agave 197
Bohne, Feuer- 160
Bohne, Garten- 160
Bohne, Jack- 161
Bohne, Jerusalem- 172
Bohne, Lima- 161
Bohne, Mond- 161
Bohne, Scharlach- 160
Bohne, Stangen- 160
Bohne, Texas- 161
bottle gourd 147
Brasilnuss 180

Brassica oleracea var. *italica* 120
Brassica rapa ssp. *pekinensis* 122
Brazil nut 180
breadfruit 118
Breiapfel 72
Brokkoli 120
Brotfrucht 118
Brotfruchtbaum 24
Buchweizen 186
buckwheat 186
butter bean 161
Butterfrucht 158
Butternuss 134

*Cachum 97
Caihua 139
Cajanus cajan 161
Calamansi 49
Calamondine 49
Camelia sinensis 200
Canavalia gladiata 161
cape goosberry 88
capers 220
Capparis spinosa 220
Capsicum annuum 124
Capsicum chinense 221
Capsicum frutescens 124
Capsicum frutescens 221
Capsicum pubescens 221
cardamom 228
Cardy 141
Carica papaya 26
carrob 203
Carthamus tinctorius 189
Carum carvi 225
Carya illinoensis 181
cashew 176
Cashewnuss 176
Cassia fistula 202
Castanea sativa 182
Cayennepfeffer 221
Ceratonia siliqua 203

Chayote 167
Cherimoya 22
cherymoya 22
chick pea 128
Chiku 72
Chili 124, 221
Chinakohl 122
Chinese cabbage 122
Chinese gooseberry 18
Chinotte 33
Chondrus crispus 126
Cicer arietinum 128
cinnamon 222
Cinnamomum aromaticum 222
Cinnamomum verum 222
citron 41
Citrullus colocynthis 28
Citrullus lanatus 27
Citrus aurantifolia 30
Citrus aurantium 32
Citrus bergamia 33
Citrus grandis 35
Citrus hystrix 49
Citrus junos 49
Citrus latifolia 31
Citrus limetta 37
Citrus limon 38
Citrus madurensis 49
Citrus maxima 35
Citrus medica 41
Citrus mitis 49
Citrus myrtifolia 33
Citrus reticulata 44
Citrus sinensis 47
Citrus sudachi 49
Citrus x paradisi 42
Claytonia perfoliata 129
Clementine 44
clove tree 237
cocoa 216
Cocona 98
coconut 184
Cocos nucifera 184

cocoyam 130
Coffea arabica 204
Coffea canephora 205
Coffea liberica 205
coffee 204
Cola acuminata 206
cola tree 206
Colocasia esculenta 130
coriander 223
Coriandrum sativum 223
Corylus maxima 185
courgette 138
cow pea 173
cranberry 105
Crocus sativus 224
cucumber 132
Cucumis anguria 132
Cucumis melo 50
Cucumis metuliferus 131
Cucumis sativus 132
Cucumis sativus 170
Cucurbita ficifolia 133
Cucurbita maxima 135
Cucurbita moschata 134
Cucurbita pepo 135
Cucurbita pepo var.*giromontiiana* 138
Culentro 229
cumin 225
Cuminum cyminum 225
Curcuma longa 226
Curiola 90
Curuba 85
Cyclanthera explodens 139
Cyclanthera pedata 139
Cymbopogon citratus 227
Cynara cardunculus 141
Cynara scolymus 140
Cyphomandra betacea 52

Date 86
Dattel 86
Dendrocalamus asper 142

Dimocarpus longan 53
Dioscorea alata 143
Diospyros kaki 54
Diospyros lotus 55
Diospyros virginana 55
Dolichos lablab 161
Drachenfrucht 64
Durian 56
Durio zibethinus 56

Eggplant 168
Eierfrucht 168
Elaeis guinensis 208
Eletteria cardamomum 228
Erdkirsche 89
Erdnuss 178
Eriobotrya japonica 57
Eryngium foetidum 229
Erythroxylum coca 207
Eugenia luschnathiana 102
Eugenia stipitata 59
Eugenia uniflora 58
Explodiergurke 139

Fagopyrum esculentum 186
Feige 60
Feijoa 93
Ficus carica 60
fig 60
fig-leaved gourd 133
Flaschenkürbis 147
Fortunella japonica 62
Fortunella margarita 62

Garcinia mangostana 63
garlic 116
Gelbwurzel 226
Gewürznelke 237
Gherkin 132
giant granadilla 85
ginger 239

Glattfirsich 91
globe artichoke 140
Glycine max 144
Glycyrrhiza glabra 209
Goabohne 161
Goldkirsche 89
Granadilla, Bananen- 85
Granadilla, Königs- 85
Granadilla, Lorbeer- 85
Granadilla, Purpur- 82
Granadilla, Riesen- 85
Granadilla, Süße 84
Granatapfel 94
grape vine 106
Grapefruit 42
green almond 192
Guajave 92
guava 92
Guave 92
Guave, Brasilianische 93
Guave, Costarikanische 93
Guave, Erdbeer- 93
Gurke, Gewürz- 132
Gurke, Salat- 132, 170
Guttaperchabaum 73

Hasel, Lamberts- 185
Hauttang 162
hazel nut 185
Heidelbeere, Strauch- 104
Helianthus annuus 188
Helmbohne 161
Hörnchengurke 139
horned cucumber 131
Hornmelone 131
horse mango 69
Hylocereus undulatus 64

Ilex aquifolium 209
Ilex paraguariensis 210
Illicium verum 230
indian fig 80

Ingwer 239
Ipomoea batatas 146
Irish moss 126

Jackfrucht 24
jackfruit 24
Jamaican Hot 221
Jambolan 101
Johannisbrot 203
Judenkirsche 89

Kachuma 97
Kaffee, Kongo- 205
Kaffee, Liberia- 205
Kaffee, Robusta- 205
Kaffeestrauch 204
Kakao 216
Kakipflaume 54
Kaktusfeige 80
Kalebasse 147
Kapern 220
Kapstachelbeere 88
Kapuzinerkresse 220
Karambole 25
Kardamom 228
Kardone 141
Kartoli 152
Kassave 151
Kassie, Röhren- 202
Kastanie, Edel- 182
Kastanie, Ess- 182
Katjangbohne 161
Kichererbse 128
Kiwano 131
Kiwi 18
Knoblauch 116
Knorpeltang 126
Knöterich, Floh- 235
Knöterich, Wohlriechender 235
Kokastrauch 207
Kokosnuss 184
Kolabaum 206
Kolanuss 206

Koloquinte 28
Kombu 148
Koriander 223
Korilla 139
Krannbeere 105
Kreuzkümmel 225
Kubaspinat 129
Kubeben-Pfeffer 234
Kuhbohne 173
Kümmel, Echter 225
Kümmel, Wiesen- 225
Kumquat, Chinesisches 62
Kumquat, Japanisches 62
Kundebohne 173
Kürbis, Feigenblatt- 133
Kürbis, Garten- 135
Kürbis, Riesen- 135
Kurkuma 226
Kwini 69

Lagenaria siceraria 147
Lambertsnuss 185
Laminaria saccharina 148
Langsat 65
Lansium domesticum 65
Lauchzwiebel 114
laurel 231
Laurus nobilis 231
laver 162
lemon 38
lemon grass 227
Lens culinaris 149
lentil 149
licorice 209
Limette, Kaffir- 49
Limette, Persische 31
Limone 30
Limonengras 227
Linse 149
Lippia graveolens 227
Litchi chinensis 66
Litchipflaume 66
Litschi 66

Longan 53
Loquat 57
Lorbeer 231
Lotuspflaume 55
lucmo 90
Lucuma 90
Luffa aegyptiaca 150
Luffagurke 150
Lulo 98
lungan 53
Lunjabohne 172
lychee 66
Lycopersicum esculentum 52

*M*acadamia integrifolia 190
Macadamia nut 190
Macadamia tetraphylla 190
Macadamianuss 190
Macadamianuss, Australische 190
Madhuca longifolia 73
Malay apple 101
Malaysiaapfel 101
Malpighia glabra 68
Malpighia punicifolia 68
mandarin 44
Mandarine 44
Mandel 193
Mangifera caesia 69
Mangifera foetida 69
Mangifera indica 70
Mangifera odorata 69
Mango 70
Mango, Duft- 69
Mango, Stink- 69
Mangopflaume 99
Mangostane 63
mangosteen 63
Manihot esculenta 151
Manilkara zapota 72
manioc 151

Maniok 151
Maracuja 82
Marone 182
Matebaum 210
Maulbeere, Schwarze 74
Maulbeere, Weiße 75
Meersalat 171
Melde, Garten- 119
melon 50
Melone, Honig- 50
Melone, Zucker- 50
Melonenbaum 26
Mexican lime 30
miner´s lettuce 129
Mombinpflaume, Gelbe 99
Mombinpflaume, Rote 99
Momocordia balsamina 152
Momocordia charantia 152
Momocordia dioica 152
Morangbaum 24
Morus alba 75
Morus nigra 74
Moschus-Kürbis 134
Mucuna spp. 161
mulberry 74
mung bean 172
Mungbohne 172
Musa acuminata 76
Musa acuminata 153
musk pumpkin 134
Muskatnuss 232
Myristica fragrans 232

*N*aranjilla 98
Nashi 96
nectarine 91
Nektarine 91
Nephelium lappaceum 78
Nephelium mutabile 81
New Zealand yam 156
Nicotiana rusticana 211

Nicotiana tabacum 211
Nigella sativa 233
Nori 162
nutmeg 232

*O*bstbanane 76
Oca 156
oil palm 208
Ölbaum 212
Olea europaea 212
Olive 212
olive tree 212
Ölpalme 208
Opuntia ficus-indica 80
orache 119
Orange 47
Oregano, Mexikanischer 227
Oryza fatua 155
Oryza sativa 154
oval kumquat 62
Oxalis oca 156

*P*almaria palmata 157
Palmblatttang 157
Palme, Kanaren- 87
Pampelmuse 35
Papaya 26
Papeda 49
Paprika, Gemüse- 124
Paprika, Gewürz- 124
Paraguay tea 210
Paranuss 180
Passiflora edulis 82
Passiflora laurifolia 85
Passiflora ligularis 84
Passiflora mollissima 85
Passiflora quadrangularis 85
passionfruit 82
Passionsfrucht 82
pea nut 178
pecan 181
Pekannuss 181

Pekingkohl 122
Peperoni 221
Pepino 97
pepper 234
Persea americana 158
persimmon 54
Persimone 54
Pfeffer 234
Pfeffer, Schwarzer 236
Pfefferbaum, Brasiliani-
scher 236
Pfefferbaum, Peruani-
scher 236
Pfirsich, (Glatt-) 91
Phaseolus acutifolius 161
Phaseolus coccineus 160
Phaseolus lunatus 161
Phaseolus vulgaris 160
Phoenix canariensis 87
Phoenix dactylifera 86
Physalis alkekengi 89
Physalis ixocarpa 89
Physalis peruviana 88
Physalis pruinosa 89
Pietomba 102
Pimpinella anisum 230
pine 191
pineapple 20
Pinienkerne 191
pink pepper 236
Pinus cembra 191
Pinus pinea 191
Piper cubeba 234
Piper nigrum 234
Piper nigrum 236
Pistacia vera 192
Pistazie 192
Pitahaya 64
Pitanga 58
Pitomba 102
Polygonum odoratum 235
Polygonum persicaria 235
pomegranate 94
Pomelo 35

Pomeranze 32
Porphyra umbilicalis 162
Porree 115
Portulaca oleracea 164
Portulak 164
Pouteria hypoglauca 90
Pouteria lucuma 90
Pouteria sapota 90
Pouteria torta 90
prickly pear 80
Prunus dulcis 193
Prunus persica
var. *nucipersica* 91
*Psidium friedrichsthalia-
num* 93
Psidium gujava 92
Psidium littorale 93
*Psophocarpus tetragono-
lubus* 161
Pulsan 81
pummelo 35
pumpkin 135
Punica granatum 94
purging cassia 202
purslane 164
Pyrus communis 96
Pyrus pyrifolia 96

Quitotomate 98

Rabbiteye blueberry 104
Rambutan 78
rass butan 78
Rau Ram 235
red (sweet) pepper 124
red pepper, chillis 221
Reis 154
Reis, Wild- 155
rice 154
Rocoto 221
Rooibos 199
rose apple 100
Rosenapfel 100
Rotbusch 199

Saccharum officinarum
214
saffron 224
Saflor 189
Safran 224
Safranwurz 226
Salacca edulis 166
Salak 166
Salat, Spanischer 119
sapodilla 72
Sapote 90
Satsuma 44
Sauerdattel 103
Sauerklee, Knollen- 156
Sauersack 23
Saure Limette 30
scarlet bean 160
Schantungkohl 122
Schinus molle 236
Schinus terebinthifolius
236
Schlangengurke 170
Schlangenhautfrucht 166
Schnittlauch 115
Schwammgurke 150
Schwarzkümmel 233
Schwertbohne 161
sea lettuce 171
Sechium edule 167
Sesam 215
sesame 215
Sesamum indicum 215
seville 32
shaddock 35
snake fruit 166
Sojabohne 144
Solanum melongena 168
Solanum muricatum 97
Solanum quitoense 98
Solanum sessiliflorum 98
Sonnenblume 188
soursop 23
soy bean 144
Spargelkohl 120

spirit weed 229
Spondias cytherea 99
Spondias mombin 99
Spondias pinnata 99
Spondias purpurea 99
sponge gourd 150
spring onion 114
squash 135
Stachelbeere, Chinesische 18
Stachelgurke 167
Stachelgurke, Afrikanische 131
star anise 230
star fruit 25
Stechpalme 209
Sternanis 230
Sternfrucht 25
strawberry pear 64
Sudachi 49
sugar cane 214
sugar maple 196
sugar palm 198
sunflower 188
Surinam cherry 58
Surinamkirsche 58
Süßholz 209
Süßkartoffel 146
Süßsack 22
sweet chestnut 182
sweet lime 37
sweet orange 47
sweet potato 146
sweez grenadilla 84
Syzygium aromaticum 237
Syzygium cumini 101

Syzygium jambos 100
Syzygium malaccense 101

Tabak 211
Tabak, Bauern- 211
Talisia esculenta 102
Tamarillo 52
tamarind 103
Tamarinde 103
Tamarindus indica 103
Tapioka 151
Taro 130
tea plant 200
Teestrauch 200
Tellerkraut 129
Theobroma cacao 216
tobacco 211
Tomate, Kultur- 52
Tomatillo 89
tree tomato 52
Trichosanthes cucumerina 170
Tropaeolum majus 220
turmeric 226

Ulva lactuca 171
Undaria pinnatifida 148

Vaccinium ashei 104
Vaccinium corymbosum 104
Vaccinium macrocarpon 105
vanilla 238
Vanilla planifolia 238
Vanille 238
Vietnamese cilantro 235

Vigna radiata 172
Vigna unguiculata 173
Virginische Dattelpflaume 55
Vitis vinifera 106

Wakame 148
Wassermelone 27
Wasseryam 143
water melon 27
Weinrebe 106
Winterportulak 129
Winterzwiebel 114
Wollmispel 57

Yam 143
Yamswurzel 143
yellow mombin 99
Yuzu 49

Zimt 222
Zimtapfel 90
Zimtkassie 222
Zingiber officinale 239
Zirbelnuss 191
Zitronat-Zitrone 41
Zitrone 38
Zitrone, Süß- 37
Zitronengras 227
Zitronenstrauch 227
Zucchetti 138
Zucchini 138
Zucker-Ahorn 196
Zuckerpalme 198
Zuckerrohr 214
Zuckertang 148
Zwiebel, Küchen- 115

Mit 239 Farbfotos von CMA (S. 123), dwp eG (www.dwp-rv.de) (S. 199), Flora Toskana (S. 33), Fred Triep (S. 197), Gartenschatz (S. 119, 140, 165), Gerd Götz (S. 109, 110, 111), Frank Hecker (S. 2–3, 11, 38, 39 oben, 48, 57, 60, 74, 81, 124, 125 unten, 183, 186, 193 beide, 205, 211, 213, 218–219, 220), Rudolf König (S. 9 beide, 16–17, 29, 32, 33, 34, 37, 42, 58, 98, 100, 117, 126, 133, 138, 147, 149, 158, 159, 162, 177, 179, 187, 192 beide, 194–195, 216, 225, 228, 230, 236), Bruno P. Kremer (S. 8, 15 re, 13, 107, 108, 121, 127, 135, 148 beide, 157, 174–175), Hans E. Laux (S. 10, 14, 12 re, 15 li, 31, 44, 47, 52, 54, 62, 66, 68 li, 71, 80, 82, 86, 88, 89, 94, 105, 114, 115, 116, 120, 122, 125 oben, 128, 129, 132, 136 beide, 137, 139, 141, 142, 144, 152, 160 beide, 161, 173 re, 182, 203 re, 212, 224, 227, 238 li), Lenz/Hecker (S. 18, 214), Bernd Nowak (S. 5, 12 li, 19, 21, 22, 23, 24, 25 beide, 26 beide, 27, 28, 30, 35, 36, 39 unten, 40, 41, 43, 49, 53, 55, 56, 59, 61, 63, 64, 65, 68 re, 69, 70, 72, 73, 75, 76, 78, 79, 83, 84, 85, 87, 90, 92, 93, 97, 99, 101, 102, 103, 106, 118, 130 beide, 131, 134, 143, 146, 149 re, 150, 151, 153, 164, 166, 167, 168, 169, 170, 172, 173 li, 176, 178, 180, 181, 188, 189, 190, 191, 198, 202, 203 li, 206, 208, 215, 221, 222, 226, 232, 237, 238 re), Reinhard-Tierfoto (S. 6, 50, 91, 96, 104, 185), Sauer/Hecker (S. 20, 77, 154, 155, 163, 171, 184, 201, 204, 217), Peter Schönfelder (S. 200, 207, 209, 210, 223, 231, 233, 234, 239), Carsten Schröder (S. 7, 112–113), Roland Spohn (S. 46, 156, 196, 229, 235), Friedrich Strauß (S. 45)

Umschlaggestaltung von eStudio Calamar unter Verwendung von zwei Fotos von Hans E. Laux (Kakipflaume und Saure Limette).

Bibliografische Information
Der Deutschen Bibliothek
Die Deutsche Bibliothek verzeichnet diese Publikation in der Deutschen Nationalbibliografie; detaillierte bibliografische Daten sind im Internet über http:\\dnb.ddb.de abrufbar.

Gedruckt auf chlorfrei gebleichtem Papier

© 2006, Franckh-Kosmos Verlags-GmbH & Co. KG, Stuttgart
Alle Rechte vorbehalten
ISBN-13: 978-3-440-10555-9
ISBN-10: 3-440-10555-5
Lektorat: Carsten Schröder
Produktion: Siegfried Fischer / Johannes Geyer
Grundlayout: eStudio Calamar
Printed in Italy / Imprimé en Italie